Meinrad Himmelsbach

Schadensfälle in der Textilreinigung

Schäden erkennen und vermeiden

Meinrad Himmelsbach

Schadensfälle in der Textilreinigung

Schäden erkennen und vermeiden

Aus Gründen der besseren Lesbarkeit wird auf eine geschlechtliche Differenzierung in den Formulierungen verzichtet. Wir bitten, sämtliche Bezeichnungen (z. B. Textilreiniger, Mitarbeiter etc.) im Sinne der Gleichbehandlung für beide Geschlechter zu interpretieren und anzuwenden.

1. Auflage 2015

Bildquelle/Umschlag: ©iStock.com/M_a_y_a | © womue - Fotolia.com
Lektorat: Achim Sacher, Holzmann Medien | Buchverlag
Herstellung/Satz: Markus Kratofil, Holzmann Medien | Buchverlag
Druck: Kessler Druck + Medien | Bobingen
Artikel-Nr. 1542.01
ISBN: 978-3-7783-0969-8

Vorwort

„Aus Schaden wird man klug." Man könnte meinen, dieses Sprichwort sei für diesen Ratgeber erfunden worden.

Tatsächlich hoffe ich, dass der Leser einen möglichst großen Nutzen aus dem vorliegenden Buch gewinnen kann und dadurch so mancher Schaden vermieden wird, getreu dem Motto *„Man muss ja nicht jeden Fehler selbst machen"*.

Die in diesem Ratgeber vorgestellten Schadensfälle sind im Laufe der vergangenen Jahre in der Fachzeitschrift *„RWTextilservice"* erschienen. Sie gehen zurück auf meine Erfahrungen als öffentlich bestellter und vereidigter Sachverständiger für das Textilreinigerhandwerk und auf meine Tätigkeit als Leiter der Schiedsstelle für Textilpflege Baden-Württemberg. Ergänzt wird dieses Wissen durch die Erfahrungen aus dem Textilreinigungsbetrieb, den ich zusammen mit meinem Bruder Christian Himmelsbach führe. Er steht mir stets mit Rat und Tat sowie zum Austausch zur Verfügung. Ohne ihn wären diese Tätigkeiten für mich unmöglich. Vielen herzlichen Dank dafür!

Als Holzmann Medien mit dem Wunsch an mich herangetreten ist, die bisher vorgestellten Schadensfälle zu veröffentlichen, war mir sofort klar, dass ein solches Projekt noch um einen Teil zu den allgemeinen Abläufen bei der beruflichen Tätigkeit mit Schadensfällen ergänzt werden sollte. Damit dient das Werk nicht nur als Ratgeber, sondern hoffentlich als echte Arbeitshilfe in der Praxis.

Die Idee, sämtliche für die Bearbeitung eines Schadensfalls erforderlichen Unterlagen sofort griffbereit zu haben, hat die Auswahl der Inhalte bestimmt. Das Glossar dient als Verzeichnis, in dem in alphabetischer Reihenfolge Begriffe aus dem Bereich der Schadensfallbearbeitung aufgeführt sind. Sie finden dazu genaue Angaben, an welcher Stelle des Werkes weiterführende Ausführungen zu finden sind.

Es folgen Hinweise zur Handhabung der ersten Reklamation am Telefon oder im Ladengeschäft. Die Beseitigung von Reklamationsgründen entzieht einem „aufgebauschten Schadensfall" jegliche Grundlage. Gelingt diese Beseitigung nicht, beginnt die Ermittlung der Schadensursache. Dabei werden einfache, für jeden Betrieb durchführbare Vorgehensweisen vorgestellt. Die Material- und Pflegekennzeichnungen sind wichtige Erkenntnisquellen, ebenso die neuen RAL-Begriffsbestimmungen. Zudem sind Größentabellen zur Orientierung beigefügt.

Auch fachlich sehr gut ausgestattete Betriebe greifen bei der Schadensfallbearbeitung immer wieder gerne auf externes Wissen zu. Die Kontaktdaten der Schiedsstellen und Hinweise auf die Sachverständigen der Branche dürfen deshalb nicht fehlen.

Ist trotz fachlicher Klärung kein Einvernehmen mit dem Kunden zu erzielen, stehen vielfach Rechtsfragen im Vordergrund. Auch dazu findet sich ein kurzer Überblick. Angefangen von einigen rechtlichen Grundlagen des Bürgerlichen Gesetzbuches (BGB) bis hin zu den allgemeinen Geschäftsbedingungen (AGB), die in der aktualisierten Form beigefügt sind und erläutert werden.

Am Ende steht die Wertermittlung eines Textils anhand der Zeitwerttabelle.

Bei der Erarbeitung meiner Schadensfälle und der Erstellung des Serviceteiles musste ich nicht ganz bei null beginnen. Textilingenieurin Eugenie Bockelmann hat als Mitarbeiterin des Forschungsinstituts Hohenstein wertvolle Arbeit geleistet, auf die ich immer wieder gerne zurückgegriffen habe. Aus Gesprächen mit anderen Sachverständigen weiß ich, dass Frau Bockelmann nicht nur bei mir, sondern auch bei vielen Kolleginnen und Kollegen das Interesse für die Schadensfallanalyse bei gereinigten oder gewaschenen Textilien geweckt und uns mit ihren Vorträgen darüber begeistert hat. Respekt und Anerkennung dafür!

Für die Erarbeitung der Schadensfälle konnte ich dankbar auch auf Wissen und Hinweise von Branchenexperten zurückgreifen, deren Unterstützung ich sehr schätze. Besonders hervorheben möchte ich Hans Peter Schneider, Versteegen Assekuranz, Bonn, den führenden Versicherungsexperten für die Schadenregulierung von Wäscherei- und Reinigungsschäden, auf dessen umfangreiches Fachwissen ich stets zurückgreifen konnte.

Einen sehr großen Anteil an dieser Arbeit hat auch meine Frau, sie hat bei der Formulierung des Textes mitgearbeitet. Ich glaube, das ist ein Glücksfall für die Leser, vor allem aber auch für mich.

Über Anregungen und Verbesserungsvorschläge aus der Leserschaft, welcher Art auch immer, würde ich mich sehr freuen. Sie können gerne an den Verlag oder den Autor gerichtet werden.

Freiburg, im April 2015

Meinrad Himmelsbach und
Holzmann Medien | Buchverlag

Inhaltsverzeichnis

1. Anorak: Beschädigung der Beschichtung

„Nach eingehender Prüfung ..."

Bei einem Kinderanorak eines skandinavischen Labels hat sich die atmungsaktive Membrane nach der Bearbeitung in einer Textilreinigung zu einem großen Teil abgelöst. Der daraufhin eingeschaltete Hersteller hat den Anorak in einem Textillabor untersuchen lassen – mit dubiosen Ergebnissen.

Ein weißer Anorak, der Größe eines 13-jährigen Jugendlichen entsprechend, wurde zur Reinigung abgegeben. Die Pflegeempfehlung des Herstellers zeigte an: 30 °C Schonwäsche, nicht bleichen, nicht in den Haushaltstrockner, Bügeln bis maximal 110 °C. Die Bearbeitung durch die Textilreinigung erfolgte gemäß der Pflegekennzeichnung.

Schadensbild

Nach der Bearbeitung zeigte sich, dass der Oberstoff an der Innenseite mit einer „dünnen Membran" verbunden war, die sich am gesamten Anorak teilweise abgelöst und zusammengezogen hatte. Der Oberstoff aus 100 Prozent Polyamid und das Innenfutter, bestehend aus 82 Prozent Polyester und 18 Prozent Polyamid, schlossen eine Wattierung aus 100 Prozent Polyester ein. Da die Schädigung nicht sehr augenfällig war, wurde die Jacke der Kundin zunächst ohne Hinweis auf die Schädigung ausgehändigt.

Die beschädigte Membrane schimmert durch. Der Hersteller will noch andere Materialveränderungen erkannt haben.

Der Jugendanorak mit einer Wattierung aus 100 Prozent Polyester – ohne Daunen.

Schadensursache

Nach erfolgter Reklamation nahm die Textilreinigung schriftlich Stellung: „... *Es handelt sich um eine nicht ausreichend beständige Beschichtung des Oberstoffes, die sich partiell abgelöst und zusammengezogen hat. Im Falle einer Reklamation wenden Sie sich bitte mit diesem Schreiben über Ihre Verkaufsstelle an den Hersteller, mit der Bitte um schriftliche Stellungnahme. ...*"

Die Kundin ging mit diesem Schreiben zu ihrem Textileinzelhändler, der die Jacke an den Hersteller weiterleitete. Fast zwei Monate später lag eine Antwort des Herstellers vor. Mit diesem Schreiben wurde die Kundin erneut in der betreffenden Reinigung vorstellig.

Schadensregulierung

Dort war das Erstaunen groß. Der Hersteller nahm folgendermaßen Stellung: Zunächst wurde die genaue Bezeichnung der Jacke benannt, sodass jede Verwechslung ausgeschlossen werden konnte. Weiter konnte man lesen: *„Nach eingehender Prüfung teilen wir Ihnen mit, dass es sich bei den Schäden in keiner Weise um einen Materialfehler handelt. Die Jacke weist folgende Materialveränderungen auf:*

a) Das Muster der Daunen hat sich in den Oberstoff gebrannt.

b) Die Daunen sind verklebt.

c) Der Außenstoff und der Innenstoff kleben aneinander.

d) Das Innenfutter hat sich zusammengezogen.

Dies sind alles Kriterien, die eindeutig auf eine zu heiße Waschung, Trocknung und/oder Bügelung hinweisen. ...“

Interessanterweise befanden sich in der Jacke überhaupt keine Daunen, deshalb konnten natürlich auch keine verklebt sein. Außerdem war der Außen- mit dem Innenstoff an keiner Stelle verklebt. Lediglich das Innenfutter wies an einer Stelle unter einer der Taschen eine mechanische Schädigung auf, die von Gebrauchseinflüssen herrührte. Sie war von untergeordneter Bedeutung, da sie weder (von außen) sichtbar war noch eine Einschränkung in der Funktionalität darstellte.

Die Unterzeichnerin des Schreibens bei der Herstellerfirma reagierte auf telefonische Nachfrage sehr abweisend. Sie würden nicht mit Endkunden oder Gutachtern sprechen, sondern einzig und allein mit den Einzelhändlern. Man solle sich über den Einzelhandel an sie wenden.

Im Übrigen seien das nicht ihre eigenen Feststellungen, sondern man habe die Jacke an das hauseigene Textillabor in Italien geschickt. Dieses habe die Stellungnahme abgegeben. Man könne davon ausgehen, dass sie korrekt sei. Bei der Ware handle es sich um ein hochwertiges Qualitätsprodukt, das auch eine entsprechende Bearbeitung durch den Kunden oder die Textilreinigung benötige.

Der Vorschlag, sich auf eine gemeinsame Begutachtung durch einen unabhängigen Gutachter zu einigen und sich anschließend dieser Entscheidung zu unterwerfen, wurde abgelehnt. Es wurde aber ein Rückruf innerhalb der folgenden zwei Tage vereinbart, der jedoch weder bei der Reinigung noch bei der Kundin einging. Eine Ersatzleistung vonseiten des Einzelhändlers steht noch aus.

Wie so oft, versucht nun die Reinigung, die Kundin während der langen Bearbeitungszeit des Herstellers „bei Laune zu halten“ und die Kundin darin zu unterstützen, die berechtigten Ansprüche gegenüber dem Einzelhändler geltend zu machen – mit einem entsprechenden Aufwand an Zeit und Energie.

Fazit

Von wenigen Ausnahmen abgesehen, erreicht man bei den Herstellern keine fachlich kompetenten Mitarbeiter, die in der Lage sind, eine einfache, auf Material- oder Fertigungsfehler zurückzuführende Reklamation angemessen zu bearbeiten.

Die in der Diskussion befindliche zentrale Clearingstelle für Reklamationen, finanziert von der Textilindustrie, ist bestimmt eine begrüßenswerte Idee. Sie könnte den oft, wie auch im dargestellten Fall, überforderten Herstellern bzw. Großhändlern ein Instrument an die Hand geben, das zumindest einfache Sachverhalte klären kann. Dadurch könnten weiterhin unberechtigte Forderungen abgewiesen werden, aber auch Kunden, die berechtigte Reklamationen vortragen, zügig Erstattungen angeboten werden. Öffentlich bestellte und vereidigte Sachverständige für das Textilreinigerhandwerk wären sicherlich bereit mitzuwirken. Der Vorteil dieser Clearingstelle für Markenhersteller liegt auf der Hand: Man wird auch im Falle einer Reklamation als professionelle, hochwertige Marke wahrgenommen, ohne sich eine eigene, teure Fachabteilung leisten zu müssen.

Der Sachverständige empfiehlt

Bei Reklamationen, die eindeutig auf Herstellermängel zurückzuführen sind, ist der Ansprechpartner des Kunden zunächst der Einzelhändler. Dieser kann – wenn er möchte – die Ware bei dem jeweiligen Großhändler oder Hersteller reklamieren.

Der Hinweis der Textilreinigung, in einem entsprechend gelagerten Fall um eine schriftliche Stellungnahme des Herstellers zu bitten, hat sich bewährt. Eine solche Stellungnahme vonseiten des Herstellers kann Anknüpfungspunkt zur sachlichen Klärung der Reklamation sein.

2. Anzug: Mottenfraß

Bei Befall sicher beraten

Handelt es sich um eine mechanische Schädigung oder liegt Mottenfraß vor? Im Schadensfall eines beschädigten Anzugs behauptete die Reinigung, gestützt auf ein Laborgutachten aus dem Hause eines Detachiermittellieferanten, dass es sich um eine mechanische Gebrauchsschädigung handelt. Der Kunde konnte dies jedoch mit Sicherheit ausschließen.

„Die Schädigung tritt vor allem in Bereichen auf, die während des Gebrauchs einer erhöhten Beanspruchung unterliegen. (...) Bei der stereomikroskopischen Untersuchung wurde Folgendes festgestellt: An Präparaten, welche den Randzonen der Schadstelle entnommen wurden, sind zahlreiche Quetsch- und Bruchstellen der Fasern zu erkennen. Es handelt sich um eine mechanische Schädigung ... durch Gebrauch." So ist der Wortlaut des Untersuchungsergebnisses. Die Schlussfolgerung: Die Untersuchung ergab keine Hinweise auf eine Fehlbehandlung durch die Reinigung.

Schadensursache

Tatsächlich zeigte sich bei einer weiteren Untersuchung, dass der Schaden nicht in ihren Verantwortungsbereich fällt. Der Schaden ist gebrauchsbedingt, besser gesagt „durch Nichtgebrauch bedingt". Der Anzug wurde wohl einige Zeit getragen und dann, da noch nicht verschmutzt, wieder in den Kleiderschrank gehängt. Erst nach der Sommersaison entschloss sich der Kunde, den Anzug doch noch zur Reinigung zu bringen. Nach der Reinigungsbehandlung ist ein fulminanter Mottenschaden erkennbar.

Typisch für den Befall sind Lochstellen und bereits angefressenes Gewebe.

Das abgebildete Sakko ist mit Motten befallen. An den beschädigten Stellen erscheint der Stoff dunkler.

Wie kann der Textilreiniger einen Mottenschaden von einem mechanischen Schaden unterscheiden? Das sicherste Kriterium ist ein Abdruck des Gebisses der Kleidermottenlarve. Es ist allerdings ein großes Geduldsspiel, unter dem Mikroskop eine angebissene Faser zu finden, die einen solchen Gebissabdruck aufweist. Deshalb ist der Umkehrschluss gefährlich. Auch wenn kein Gebissabdruck zu finden ist, kann ein Insektenfraßschaden vorliegen.

Es bestehen noch weitere Kriterien zur Unterscheidung von Insektenfraßlöchern und mechanischer Schädigung. Zunächst treten Insektenfraßlöcher fast ausschließlich auf Schurwollfasern auf. Bei Fraßlöchern fehlt der Teil der Fasern, der von den Raupen gefressen wurde. Bei einem mechanischen Schaden gibt es zwar oft ein Loch, aber es fehlt nichts von der Substanz. In einem solchen Fall könnte das Loch mit dem noch vorhandenen Material ausgefüllt werden wie beispielsweise bei einer sogenannten „Triangel“.

Mechanische Schäden betreffen meistens den Oberstoff und den darunterliegenden Futterstoff. Wird, wie in diesem Fall, nur der Oberstoff aus Wolle, nicht aber der Futterstoff aus Acetat geschädigt, ist dies ein weiterer wichtiger Hinweis auf einen Fraßschaden. Ein typisches Aussehen von Schäden auf feinen Schurwollgeweben ist zudem ein unterschiedlich stark ausgeprägtes Durchbeißen des Gewebes. An manchen Stellen sind bereits Löcher vorhanden, an anderen Stellen ist das Loch kurz vor dem Durchbrechen, und an wieder anderen Stellen erscheint die

Schädigung als dunkle Stelle, da nur der Flor weggebissen wurde. Natürlich spielt auch die Anzahl und die Lage der Schadstellen eine Rolle. Wenn, wie in dem Beispielsfall, sieben unterschiedliche Schädigungen über Sakko und Hose verteilt sind, kann bereits aus diesem Grund eine Schädigung durch äußere Einflüsse nahezu ausgeschlossen werden. Der Verschleiß eines Anzugs beginnt in der Regel an den Tascheneingriffen der Hose, an den Ärmelkanten und dem Kragen des Sakkos. Ein punktueller Verschleiß in der Fläche ist unwahrscheinlich.

Schadensregulierung

Leider hat der Kunde durch die sich widersprechenden Gutachten das Vertrauen in die Begutachtung verloren. Er hat Klage beim zuständigen Amtsgericht erhoben. Bei einem eindeutigen Gebrauchsschaden mit zwei sich in der Schadensursache widersprechenden Gutachten kann das Verfahren für den Textilreiniger nachteilig ausgehen. Ein gerichtlicher Vergleich könnte das Risiko eines negativen Prozessausganges mindern. Wer das Risiko auch finanziell tragen kann, könnte es, aus Sicht des Autors, in diesem fachlich klaren Fall auf ein Urteil ankommen lassen. Es empfiehlt sich, eine qualifizierte rechtliche Beratung einzuholen. Der Deutsche Textilreinigungs-Verband mit den angeschlossenen Mitgliedsverbänden, Innungen, Kreishandwerkerschaften, aber auch Handwerkskammern bieten Erstberatungen für ihre Mitglieder in der Regel kostenlos an. Die Klage wurde inzwischen nach einem durch das Gericht beauftragten Gutachten abgewiesen.

Der Sachverständige empfiehlt

Bei Löchern in Schurwolle sollte Insektenfraß immer in Erwägung gezogen werden. Ein einseitiges Fokussieren auf erkennbare Bissspuren kann dabei in die Irre führen. Eine Würdigung des Gesamtschadens und einige Kriterien können da hilfreicher sein.

INFORMATION | KLEIDERMOTTEN

Vorbeugung und Bekämpfung

Ein Befall von Textilien mit Kleidermotten kommt vergleichsweise häufig vor. In der Natur leben die Larven der Motten in Nestern von Vögeln und Säugetieren und ernähren sich von deren Haaren. Die Larven der Kleidermotte benötigen das in Tierhaaren enthaltene Protein Kreatin. Pflanzliche und synthetische Textilfasern können die Tiere im Entwicklungsstadium der Raupen ebenfalls fressen. Getragene Textilien, die mit Schweiß oder Speiseresten verunreinigt sind, befallen Motten bevorzugt. Auch saubere Wolle, die in ungestörten und dunklen Bereichen gelagert wird, ist ein gefundenes Fressen. Der Befall wird oft erst entdeckt, wenn sich Fraßlöcher in Textilien zeigen. Diese sind meistens relativ klein und unregelmäßig.

Um Mottenbefall vorzubeugen, sollten getragene Textilien nur gereinigt oder gewaschen aufbewahrt werden. Vorbeugende Wirkung haben dann Naturprodukte mit ätherischen Ölen, wie z.B. Lavendelsäckchen und Zedernholztäfelchen. Der Anwender sollte diese rechtzeitig erneuern, bevor sich der Duft ganz verflüchtigt. Natürlich hilft auch, regelmäßig Bewegung und Licht in den Kleiderschrank zu bringen und die Rückwände von Schränken und Truhen abzusaugen. Teppichbesitzer sollten diese auch an schwer zugänglichen Stellen regelmäßig von oben und unten absaugen.

Liegt ein Befall vor, reicht eine Temperatur zwischen 50 und 60 °C bei einer Einwirkdauer von circa einer Stunde, um Motteneier und -larven abzutöten. Eine Alternative ist das Einfrieren von befallenen Textilien für mindestens eine Woche.

Die Textilreinigung kann je nach Verfahren Eier und Larven zuverlässig abtöten und entfernen. Ob auch neuere Sprühreinigungsverfahren dies leisten, muss noch untersucht werden. Befallene Teile können nach Ausklopfen, Absaugen oder Waschen auch zum Austrocknen der verbliebenen Eier und Larven in die Sonne gelegt werden.

Chemisch-synthetische Schädlingsbekämpfungsmittel können unter Umständen Gesundheitsrisiken bergen. Das Pflanzenextrakt Neeem wirkt als natürliches Insektizid. Bei starkem Befall sind Schlupfwespen, die natürlichen Feinde der Kleidermotten, empfehlenswert. Pheromonlockstofffallen eignen sich zur Bekämpfung kleiner Bestände und bieten eine Befalls- und Erfolgskontrolle.

3. Ballonkleid: Flecken nach der Reinigung

Ich seh etwas, was du nicht siehst

Juristen und Versicherungsvertreter laden Textilreinigern immer mehr Pflichten auf, damit diese im Streitfall auf der sicheren Seite sind. Diese Pflichten sind kaum realisierbar und bieten zudem eben diese Sicherheit nicht. Manchmal entstehen gerade durch eine sorgfältige Warenschau zusätzliche Risiken, wie der folgende Schadensfall aufzeigt. Eine satirische Bewertung.

Eine gute Risikoaufklärung bei der Abgabe von Textilien zur Pflegebehandlung wird Textilreinigern von juristischer und Versicherungsseite immer wieder empfohlen. Aktuelle Anlässe sind in diesen Fällen oftmals Gerichtsurteile, die dem Reiniger neue (oder bereits bekannte) Aufklärungspflichten auferlegen. Auf bekannte Risiken sollte möglichst umfangreich hingewiesen werden. Diese Beratungsgespräche sollten nicht durch ein Formblatt, sondern durch ein handschriftlich erstelltes Dokument festgehalten und vom Kunden unterzeichnet werden. Natürlich muss der Name des Kunden lesbar sein, die Auftragsnummer notiert und alles mit Datum versehen werden. Sollte man eine Warenart grundsätzlich nur auf Kundenrisiko bearbeiten, so könnte das je nach Lesart des Gerichts bereits eine Benachteiligung des Kunden darstellen. Vorschädigungen sollten am besten von zwei Mitarbeitern gesehen und schriftlich festgehalten sowie durch Unterschrift bestätigt werden. So viel zur Theorie.

Wie sieht es in der Praxis damit aus? Sicherlich gibt es Betriebe, die diese Vorgehensweise umzusetzen versuchen. Aber Stammkunden meint man so zu kennen, dass die Aufklärung nicht jedes Mal neu durchgeführt werden muss. Und wenn viel los ist, nimmt man die Sachen auch mal ohne Durchsicht entgegen. Fünf Anzüge und 20 Hemden eines Kunden durchzumustern würde die Geduld der nächsten Kunden überstrapazieren. Auch wenn eine Kundin kurz nach Ladenschluss erscheint, ist die Gründlichkeit des Beratungsgespräches meist nicht mehr gewährleistet. Dass trotz gründlicher Warenschau und dokumentierter Vorschädigung Probleme entstehen können, zeigt der folgende Schadensfall.

Schadensbild

Eine Kundin brachte ein Ballonkleid zur Reinigung. Die gut geschulte Verkäuferin schaute sich das Kleid genau an und stellte mehrere kleine Defekte im Stoff fest, den sie im Schadensbuch vermerkte. Das Durchsehen des Kleids, das Gespräch mit der Kundin über die Vorschädigung und das Dokumentieren der Vorschädigung nahmen dabei natürlich einen gewissen Zeitraum ein. Das Kleid wurde daraufhin normal gereinigt und gebügelt. Bei der Abholung sah die Kundin sich das Kleid nochmals genau an und stellte sofort Flecken fest, die bei der Abgabe des Textils nicht vorhanden waren. Im Annahmeprotokoll steht tatsächlich nichts von einer Verfleckung.

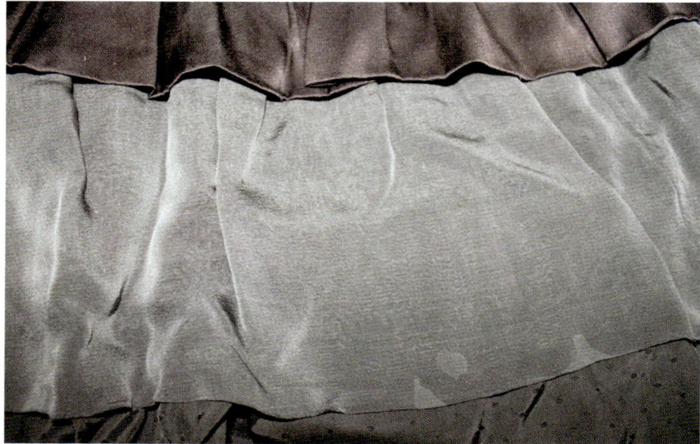

Nach der Reinigungsbehandlung kann man die Eiweißflecken deutlich erkennen.

Da man gemeinsam das Kleid durchgesehen hatte, muss die Ladnerin zugeben, dass vor der Behandlung keine Flecken „vorhanden“ waren. Die Kundin verlangt Ersatz für das Kleid und die Kosten für die Reinigung zurück. Obwohl eine ziemlich optimale Beratung stattgefunden hat, sieht sich die Textilreinigung mit einer aus ihrer Sicht ungerechtfertigten Forderung konfrontiert. Die Forderung der Kundin befeuert sich sogar aus der umfangreichen Warenschau am Ladentisch.

Schadensursache

Der Kundin zu erklären, dass eiweißhaltige Verfleckungen in erster Linie durch die Wärmebehandlung beim Trocknen und Bügeln sichtbar werden können, war zunächst erfolglos. Aufgrund der erdrückenden Argumentationslage sucht die Reinigung Unterstützung durch ein Sachverständigengutachten.

Tatsächlich handelt es sich um eine eiweißhaltige Gebrauchsverschmutzung, deren Verursachung nicht in den Verantwortungsbereich der Textilreinigung fällt. Durch den Einfluss von Wärme, die beim Trocknungsprozess unvermeidbar ist, wurde die Gebrauchsverschmutzung sichtbar, jedoch nicht verursacht.

Ironische Schadensvermeidung

Die zentrale Frage für den Textilreiniger lautet: Wie kann man solche Reklamationen erfolgreich verhindern? Die Anwort: Durch eine umfangreiche und optimale Aufklärung. Diese sollte möglichst handschriftlich von einem Mitarbeiter erfasst werden und folgende Punkte – mit viel Augenzwinkern – enthalten:

„Sehr geehrte Kundin, Sie überlegen, uns Ihr Kleid zur Reinigungsbehandlung zu übergeben. Nach einer gründlichen Durchsicht haben wir unten aufgeführte Risiken festgestellt. Sollten Sie diese Risiken nicht eingehen wollen, bitten wir Sie, von der Absicht Abstand zu nehmen, das Kleid bei uns reinigen zu lassen.

- *Risiken:*

Nähte des Oberstoffes können aufgehen, Knöpfe können abgehen. Schweißflecken könnten sichtbar werden. Es könnte sein, dass die vorhandenen Flecken nicht zu entfernen sind. Es ist möglich, dass nicht sichtbare Flecken sichtbar werden. Es könnte sein, dass der Stoff an den vorhandenen oder den unsichtbaren Flecken durch die Flecksubstanz bereits geschädigt ist und dadurch bricht. Die Farbe könnte durch Herstellermängel oder durch Lichteinflüsse auch beispielsweise bereits im Ladengeschäft oder im Lager eines Versandhändlers geschädigt sein. Das Pflegekennzeichen könnte sich ablösen oder unleserlich werden. Der Reißverschluss könnte Schaden nehmen. Das Kleid könnte auch durchs Bügeln verändert werden. Obwohl wir uns an die Temperaturempfehlung des Herstellers halten, können durch den Bügelprozess Schädigungen in der Farbgebung wie auch in der Stoffstruktur zutage treten. Zudem könnte das Kleid, ohne dass eine Fehlbehandlung vorliegt, eingehen. Auch könnte sich zwischen der letzten Benutzung des Kleids vor der Reinigung und der Benutzung nach der Reinigung Ihre Figur weiterentwickelt haben, was dazu führt, dass das Kleid nicht mehr (optimal) sitzt. Falls Sie das Kleid nicht innerhalb einer Woche nach Fertigstellung abholen, könnte es an den Schultern Abdrücke vom Kleiderbügel bekommen. Auch könnte der optische Aufheller unter der Plastikfolie reagieren und zu einer gelblichen Farbtonverschiebung führen. Achtung Allergiker: Es könnten sich trotz größter Sorgfalt feinste Spuren von Wasch-, Reinigungs- und Detachiermittel nach der Bearbeitung im Kleid befinden.

Bei der von uns zur Verfügung gestellten Tragetasche könnten, wenn weitere Gegenstände dazugepackt werden, die Henkel reißen, und das Kleid kann durch Herunterfallen neu verschmutzen. Achtung: Das Kleid ist nicht auf dem Fahrrad zu transportieren, da es in die Fahrradspeichen gelangen und zu einem Sturz führen kann.

Bitte beachten Sie unsere Glaseingangstüren. Es besteht die Gefahr, dass Sie dagegenlaufen oder sich an der Tür anlehnen, obwohl sie bereits offen ist. Beachten Sie auch, das Wechselgeld nicht in den Mund zu nehmen. Es könnten dadurch Keime übertragen werden.

- *Bestätigung der Kundin: Ich übernehme diese (mir auch vorgelesenen) Risiken.*

Ort, Datum, Unterschrift.

P. S. Wie Sie wissen, ist Textilreinigung ein Glücksspiel und für Jugendliche und Kinder unter 18 Jahren nicht erlaubt. Eltern haften für ihre Kinder. Der Rechtsweg ist ausgeschlossen. Gewinner werden benachrichtigt.“

Der Sachverständige empfiehlt

Eine gute Beratung ist grundsätzlich sehr nützlich. Sie schützt jedoch nicht in allen Fällen vor unberechtigten Forderungen.

Für das Massengeschäft kann es besser sein, am Ladentisch keine Beratung anzubieten und eventuelle Problemfälle erst bei der Warenschau auszusortieren. So spart man wertvolle Zeit im Laden und kann mancher unberechtigten Reklamation besser begegnen.

4. Brautkleid (I): Vordetachur mit optischem Aufheller

Den Schmutz schön aufgehellt

Nach dem „schönsten Tag“ kommt ein Brautkleid aus Polyester und Viskose zum Textilreiniger. Zunächst scheint es, als ob alle Flecken beseitigt werden konnten. Doch dann reklamiert die Kundin helle Stellen am unteren Saum. Den Grund findet der Sachverständige in der Waschmittelchemie.

Ein wunderbares, cognacfarbenes Brautkleid mit Corsage und „Pulswärmern“ wurde für den „schönsten Tag im Leben“ eigens in den USA gekauft und durch eine Schneiderin für die Braut nach Maß angepasst. Der Tag der Hochzeit war traumhaft, es wurde ausgelassen gefeiert. Am Ende des Tages hatte das Kleid, wie es landauf, landab üblich ist, diverse Verschmutzungen und vor allem am unteren Saum, mit dem das Kleid den Boden berührte, „einschlägige“ Flecken.

Viele verheiratete Frauen haben bekanntermaßen die Angewohnheit, gelegentlich ihr Brautkleid hervorzuholen und (soweit noch möglich) anzuziehen, um sich an ihren Hochzeitstag zu erinnern. So soll das umgerechnet rund 2.500 Euro teure Kleid in die Reinigung gegeben werden, um die Tragespuren zu beseitigen.

In der Reinigung gibt man sich große Mühe mit der Beseitigung des Schmutzes am unteren Saum. Das Kleid, augenscheinlich aus 100 Prozent Polyester, wird einer ausgiebigen Vordetachur unterzogen. Dazu wird eine Waschmittellösung aus Vollwaschmittel hergestellt und der Saum sowohl von innen als auch von außen kräftig eingebürstet. Anschließend wird das Kleid schonend nassgereinigt. Das Ergebnis kann sich sehen lassen. Sämtliche Flecken konnten beseitigt werden. Der Textilreiniger ist mit sich und seiner Arbeit mal wieder richtig zufrieden. Bei der Abholung des Kleides zeigt sich die Kundin ebenfalls zufrieden. So muss es sein!

Eine Woche später kommt die Kundin jedoch zurück und reklamiert helle Stellen im gesamten Bereich des unteren Saumes, die bei näherer Betrachtung tatsächlich gut sichtbar sind. Zur Klärung der Schadensursache kommt das Kleid zum Gutachter.

Das Kleid besteht aus 55 Prozent Polyester und 45 Prozent Rayon. Bei dem Fasermaterial Rayon handelt es sich um die englische Übersetzung des deutschen Wortes Viskose. Viskose wird aus Cellulose hergestellt und lässt sich der Gruppe der Celluloseregeneratfasern zuordnen.

Das Brautkleid mit der bereits sichtbaren Farbveränderung am unteren Rand des Rockes.

Waschmittelchemie ist ein großes Fachgebiet, in dem es ständig Neuerungen gibt. Neben den bewährten Waschmitteln gibt es heute für jeden Einsatz verschiedenste Kombinationen klassischer Inhaltsstoffe mit neu entwickelten Komponenten.

Vereinfacht kann man konfektionierte Waschmittel zunächst in drei Gruppen einteilen: Feinwaschmittel, Buntwaschmittel, Vollwaschmittel. Bei den Feinwaschmitteln handelt es sich um pH-neutrale Waschmittel ohne Bleichmittel und ohne optischen Aufheller. Bei den Buntwaschmitteln um alkalische Waschmittel, die in erster Linie durch die Alkalität eine höhere Waschwirkung erzielen. Sie enthalten ebenfalls keine Bleichmittel und optischen Aufheller. Vollwaschmittel sind alkalisch eingestellt und enthalten neben Bleichmitteln auch optische Aufheller.

Optische Aufheller sind mit Farbstoffen vergleichbar, die besonders gut auf Cellulosefasern aufziehen können. Diese „Farbstoffe“ wandeln unsichtbares UV-Licht in sichtbares Licht um. Dadurch wird die mit Vollwaschmitteln gewaschene Wäsche wie beispielsweise Hemden, Unterwäsche, Frottierware und Tischwäsche besonders strahlend weiß.

Auf Polyesterfasern können die meisten optischen Aufheller im Rahmen einer Waschbehandlung jedoch nicht oder nur minimal aufziehen. Polyesterfasern lassen sich ja auch nur mit speziellen Färbeverfahren anfärben. Mit diesem Hintergrundwissen ergibt sich die Lösung des „Brautkleidfalles“ fast von alleine.

Schadensursache

Der Textilreiniger hatte in der Vergangenheit bereits viele Brautkleider mit der von ihm vorbereiteten Waschlösung angebürstet. Da es sich um Stoffe aus reinem Polyester handelte, war dies bislang selbst bei pastellfarbigen Kleidern problemlos. Erst als ein aus Polyester und Cellulosefasern gefertigtes Kleid damit bearbeitet wurde, sind Aufhellungen eingetreten. An den behandelten Stellen sind die Aufheller auf den Viskosefaseranteil aufgezogen und führen zu der reklamierten Schädigung. Eine Überprüfung dieser Hypothese mit der Quarzanalyselampe bestätigt dies eindrucksvoll, wie das folgende Bild zeigt.

Mit der Quarzanalyselampe lässt sich der optische Aufheller gut sehen.

Schadensregulierung

Da die Gebrauchsflecken auch mit einer Lösung aus Buntwaschmittel zu entfernen gewesen wären, liegt die Verantwortung für die Farbveränderung beim Textilreiniger. In diesem Falle beträgt der Zeitwert entsprechend der von den deutschen Sachverständigen beschlossenen und vom DTV (Deutscher Textilreinigungs-Verband; www.dtv-bonn.de) herausgegebenen Zeitwerttabelle max. 50 Prozent vom Anschaffungspreis, also 1.250 Euro.

Der Sachverständige empfiehlt

Auch weil Brautkleider in der Anschaffung eine besondere Investition darstellen, erfordert ihre Reinigung höchste Aufmerksamkeit. Die Beschäftigung mit den jeweils verwendeten Materialien und dem geeigneten Pflegeverfahren stellt eine fachliche Herausforderung dar. Ein schönes Gebiet, um Fachwissen und handwerkliches Können zu kombinieren und auszuspielen.

5. Brautkleid (II): Struktur- und Maßänderungen von Seide

Traum in Tüll und Tuft

Die Traumhochzeit in Weiß – welche Braut wünscht sich das nicht? Und für den „schönsten Tag des Lebens" wird der Geldbeutel weit aufgemacht. Friseur, Gastronomie, Blumenhandel, Fotograf oder Oldtimervermieter – jeder möchte ein Stück von der „Hochzeitstorte". Auch die Reinigungen freuen sich über das ein oder andere Brautkleid, das zur Bearbeitung hereingegeben wird.

Der Fototermin im Park, das Tanzen und manch gelungenes Hochzeitsspielchen hinterlassen dann doch am Brautkleid eindrückliche Spuren. Von der Reinigung erhofft man sich deren Beseitigung – gerade, wenn das Fest so teuer geworden ist, dass man das Kleid noch weiterverkaufen muss, um den finanziellen Engpass zu verringern. Falls es der Reinigung gelingt, die Gebrauchsspuren zu beseitigen und man tatsächlich eine Käuferin findet, sind immerhin erfahrungsgemäß noch zwischen 30 und 50 Prozent des Neupreises zu erzielen. Aber wehe, es gelingt nicht!

In dem vorliegenden Fall ging die Reinigungskundin vor Gericht, da die Textilreinigung ihrer Forderung nach 1.080 Euro Schadensersatz nicht nachgekommen ist. Begründet wurde die Forderung damit, dass die Struktur des Kleides verändert sei, es lappig und knittrig erscheine und deshalb nicht mehr verwendbar sei. Sie fordere nicht den Neupreis von 1.200 Euro, sondern nach Abzug der Wertminderung durch einmaligen Gebrauch „nur" 90 Prozent des Kaufpreises.

Die Reinigung erklärte, dass das Kleid entsprechend der Herstellerempfehlung, nämlich „F", bearbeitet worden sei. Da die Verschmutzungen jedoch nicht (vollständig) entfernt werden konnten, war der Kundin eine Nassbehandlung auf ihr Risiko angeboten worden. Trotz des erläuterten Risikos hatte sich die Brautmutter für diese Nassbehandlung entschieden und eine entsprechende Risikoübernahme unterschrieben.

Schadensbild

Durch die fachlich korrekte Nassbehandlung hatte sich die Oberflächenstruktur des Kleides erheblich verändert. Das Gericht trat mit folgender Frage an den Gutachter heran: „Wurde die Nassreinigung fachlich korrekt durchgeführt?" Diese Frage konnte bejaht werden, die Klage der Kundin wurde abgewiesen.

Durch eine Nassbehandlung hat sich die Oberflächenstruktur des Brautkleides aus Doupionseide erheblich verändert.

Was wäre bei einer anderen Fragestellung des Gerichtes an den Gutachter herausgekommen? Beispielsweise hätte man auch fragen können, ob es aus fachlicher Sicht richtig ist, bei einem Kleid aus Seidentuft eine Nassbehandlung als Möglichkeit der besseren Fleckenentfernung durchzuführen.

Schadensursache

Bei dem für das Kleid verwendeten Stoff handelt es sich um Doupionseide. Das Seidengewebe enthält in der Kette Filamentgarne. Der Schuss jedoch besteht aus Schappegarnen aus Maulbeerspinnerseide. Diese Garne werden aus „Seidenabfällen", wie beispielsweise nicht abhaspelbaren Kokonteilen, im Kammgarnverfahren gewonnen. Der Faden weist Unregelmäßigkeiten auf, die dem Gewebe den typischen, etwas unruhig strukturierten Charakter verleihen. Eine ähnliche Struktur, wie sie auch für Wildseide typisch ist. Im Unterschied zu Geweben aus Wildseide (Tussahseide) weist die Doupionseide jedoch einen edlen Glanz auf.

Für die meisten Seidengewebe, die für Brautkleider Verwendung finden, wird keine Wildseide (Tussahseide), sondern Maulbeerspinnerseide verarbeitet.

Feuchtigkeitseinwirkung in Verbindung mit mechanischer Beanspruchung führt bei diesen Geweben allermeist zu einer Struktur- und Maßänderung. Die Nassbehandlung eines Kleides aus Doupionseide ist deshalb keinesfalls zu empfehlen, da eine gravierende Strukturveränderung eintritt und somit kein eventuelles Risiko, sondern eine Gewissheit darstellt.

Alternative Vorgehensweise

Aus fachlicher Sicht bietet sich eine andere Vorgehensweise an. Nach der Reinigung noch vorhandene Flecken können mittels Nachdetachur vorsichtig, auch großflächig, entfernt werden. Vielfach genügt ein konfektioniertes, leicht alkalisches Detachiermittel („Blutlöser"), die Bearbeitung mit einer weichen Bürste und Dampf aus der Detachierpistole, um den Flecken zu Leibe zu rücken.

Feuchtigkeitseinwirkung in Verbindung mit mechanischer Beanspruchung führt bei Doupionseide zu Struktur- und Maßänderungen.

Das Antrocknen der durchfeuchteten Detachierstellen mit Druckluft verhindert eine stärkere Randbildung. Nach einem vollständigen Durchtrocknen der Seide über Nacht muss das Kleid nochmals angebürstet werden, um die verbliebene, schwache Randbildung durch den darauffolgenden Reinigungsprozess vollständig zu beseitigen. Eventuell muss dieser Vorgang mehrmals wiederholt werden. Ein geübter Detacheur wird sich diese Vorgehensweise jedoch sehr schnell aneignen können und damit fantastische Erfolge erzielen. Selbstverständlich kann diese Vorgehensweise auch bei bunten Seidentuftstoffen angewendet werden.

Mehrarbeit honorieren lassen

Warum soll man sich diese Mehrarbeit nicht auch honorieren lassen? Warum nicht für die Bearbeitung eine Seidentuftkleides beispielsweise 200 Euro verlangen, wenn es fleckfrei, gut gebügelt und vor allem unbeschädigt zurückgegeben werden kann? Dann können Kundin und Reinigung zufrieden sein. Auch die überlasteten Gerichte freuen sich über jeden Fall, der nicht bei ihnen landet. Also alle zufrieden? Sagen wir „fast alle“. Denn die Sachverständigen warten dann vergeblich auf den Postboten.

Der Sachverständige empfiehlt

Seidentuftstoffe aus Doupionseide sollten keinesfalls nassgereinigt werden, egal mit welchem System. Es empfiehlt sich, auch bei größeren Verschmutzungen, eine Fleckbehandlung durch Nachdetachur durchzuführen.

INFORMATION | STATISTIK

Jede zehnte Braut in Weiß

- 380.000 Hochzeiten gab es im Jahr 2011 in Deutschland (Statistisches Bundesamt).
- 13.000 Euro kostet eine Hochzeit durchschnittlich (Jost, Inhaberin Agentur Traumhochzeit).
- 800 bis 1.200 Euro betragen die Durchschnittkosten für ein Brautkleid (Becher, Messe Interbride).
- „Groß" gefeiert wird nur jede zweite Hochzeit (Messe Interbride).
- Jede zehnte Braut tritt die Hochzeit klassisch in Weiß an (Messe Interbride).
- Von 1.000 Bundesbürgern heirateten im Jahr 2011 4,6 Personen (Statistisches Bundesamt).
- Ausgehend von diesen Zahlen bedeutet das, dass 0,23 weiße Hochzeitskleider pro 1.000 Einwohner zur Reinigung anfallen.
- **Beispiel Kleinstadt** (20.000 Einwohner): 20 mal 0,23 = 4,6 weiße Brautkleider pro Jahr.
- **Beispiel kleine Großstadt** (200.000 Einwohner): 200 mal 0,23 = 46 weiße Brautkleider pro Jahr.

6. Damenmantel: Chargenschaden

Ein Teil gereinigt – acht ruiniert

Ein Textilreiniger gibt einen Designer-Damenmantel gemeinsam mit 20 weiteren Teilen in die Reinigungsmaschine. Anschließend befinden sich sowohl am Mantel als auch an den übrigen Teilen der Reinigungscharge dunkle Stellen und Verklebungen. Wer übernimmt nun den Schadensersatz?

Ein Designer-Damenmantel des italienischen Labels Costume National wird völlig zerknautscht aus der Reinigungsmaschine entnommen. Bei näherem Hinsehen erkennt man schnell Verklebungen, Anlagerungen von Flusen und dunkle Stellen. Der erfahrene Textilreiniger prüft zunächst noch einmal das Pflegeetikett mit dem Ergebnis, dass der Mantel laut Herstellerangaben uneingeschränkt mit dem Lösungsmittel Perchlorethylen (P) gereinigt werden darf. Zunächst stellt sich also Erleichterung ein – man muss zwar der Kundin erklären, dass ihr Mantel durch die Reinigung unbrauchbar geworden ist, muss jedoch, da der Mantel entsprechend der Herstellerempfehlungen bearbeitet wurde, wenigstens keinen Ersatz leisten. Aber die eigentliche „Überraschung" lässt nicht lange auf sich warten. Weitere 20 Teile derselben Reinigungscharge sind mit Ablagerungen behaftet.

Nun ist für Arbeit gesorgt. Durch Detachur und dreimaliges Reinigen können von den 20 Teilen 12 gerettet werden. Bei acht Teilen ist jedoch alle Mühe umsonst. Mit der Frage, ob der Zusammenhang zwischen dem schadhaften Polyurethan-Damenmantel und den übrigen geschädigten Teilen bewiesen werden kann und wie man sich in diesem Fall am geschicktesten verhält, wendet sich der Textilreiniger an den Gutachter.

Schadensursache

Die Rissbildung in der Polyurethan-Beschichtung kann unter dem Auflicht-Mikroskop erkannt werden. Eine weitere Untersuchung zeigt, dass die Rückstände auf den geschädigten Bekleidungsstücken vom Mantel stammen. Durch die Rissbildung, die durch Alterung des Polyurethans entstanden ist, ist Lösungsmittel in die Beschichtung eingedrungen und hat diese an- und schließlich abgelöst. Der Mantel, grundsätzlich reinigungsbeständig, verlor bereits nach wenigen Jahren seine Beständigkeit gegenüber Lösungsmittel.

Der mit Polyurethan beschichtete Mantel ...

... und die beschädigten Bekleidungsstücke.

Schadensregulierung

Wie ist der Fall für die Kundin mit dem Damenmantel und vor allem mit den anderen geschädigten Kunden zu regeln? Wer leistet Ersatz? Winfried Maier, Rechtsanwalt in Stuttgart und Justiziar des Deutschen Textilreinigungs-Verbandes (DTV), hat dafür den Begriff des „juristischen Bermudadreiecks" geprägt.

Der Textilreiniger muss nur Schäden ersetzen, für die ihn ein Verschulden trifft, beispielsweise für einen Bearbeitungsfehler oder den Verlust eines Bekleidungsstückes.

Da den Textilreiniger in diesem Fall kein Verschulden triff, muss er den Schaden seiner Kunden, rechtlich gesehen, nicht ersetzen. Das gilt nicht nur für den Damenmantel, sondern ebenfalls für die weiteren acht beschädigten Bekleidungsstücke der anderen Kunden.

Auch die Kundin, die ihren Designer-Damenmantel in die Reinigung brachte, ist den anderen Kunden aus dem gleichen Grund nicht schadensersatzpflichtig. Sie hat sich keinen Fehler vorzuwerfen, da sie den Mantel, wie empfohlen, in die Reinigung gebracht hat.

Eine weitere Möglichkeit für die Besitzerin des schadhaften Mantels könnte eine Reklamation innerhalb der zweijährigen Gewährleistungspflicht bei ihrem Einzelhändler sein. Da das Bekleidungsstück etwa vier Jahre alt ist, scheidet allerdings auch diese Option aus.

Aber ist nicht ohnehin der Hersteller des Damenmantels, Costume National, aufgrund der Produkthaftung für die Schäden an den acht Teilen, ersatzleistungspflichtig? Grundsätzlich ja, allerdings hat der Gesetzgeber einen Selbstbehalt von 500 Euro vorgesehen. Dabei wird aber jeder Schadensfall einzeln betrachtet, sodass der Hersteller nur den Schaden ersetzen muss, der pro Einzelteil über 500 Euro liegt.

Beispielsweise würden beim Wert eines Bekleidungsstückes von 600 Euro nur die überzähligen 100 Euro ersetzt werden. Im vorliegenden Fall übersteigt der Zeitwert keines der acht Bekleidungsstücke den Betrag von 500 Euro. Des Weiteren kommt hinzu, dass man gegebenenfalls nachweisen müsste, dass der Hersteller zum Zeitpunkt des Verkaufes über das Risiko der Rissbildung überhaupt Bescheid wissen konnte.

Hätten die geschädigten Kunden nun eine Hausratversicherung abgeschlossen, könnte doch diese Versicherung, da Textilien auch zum Hausrat gehören, den Schaden übernehmen? Auch dieser Weg bleibt leider versperrt. Es ist zwar richtig, dass Textilien zum Hausrat gehören. Der Ersatz von Gegenständen des Hausrates, die sich außerhalb der Wohnung befinden, ist in den Allgemeinen Versicherungsbedingungen zur Hausratversicherung (VHB) nur für Schäden, verursacht durch folgende Fälle, vorgesehen: Brand, Blitzschlag, Explosion, Anprall oder Absturz eines Flugkörpers, Einbruchdiebstahl, Raub, Vandalismus nach einem Einbruch, Leitungswasser oder Sturm. Wären die Teile also ohne schuldhaftes Verhalten der Reinigung in einer Annahmestelle verbrannt, so würde die Hausratversicherung in aller Regel den Wiederbeschaffungswert bezahlen. Im geschilderten Fall ist also auch die Hausratversicherung nicht leistungspflichtig.

Zu guter Letzt kann noch eine Kulanzregelung angestrebt werden. Die Nachfrage bei Anna Nieß, Geschäftsführerin Dialog Textil-Bekleidung, ob ein Kontakt zum Hersteller vermittelt werden könnte, fiel ebenfalls negativ aus. Die italienischen Bekleidungshersteller sind seit Jahren nicht mehr beim DTB vertreten. Costume National hat zwar einen umfangreichen Internetauftritt, macht aber keine Angaben zu einer konkreten Adresse oder Telefonverbindung. Per E-Mail kann immerhin eine Anfrage gestellt werden.

Und der Einzelhändler? Bis dato war die Kundin aus unbekannten Gründen nicht bereit, den Einzelhändler zu benennen, bei dem sie den Mantel gekauft hat. Über ihn hätte sonst versucht werden können, eine Kulanzleistung zu erreichen.

Bleibt letztlich der Reinigungsbetrieb. Da er seine Kunden nicht „im Regen stehen lassen kann oder will“, kommt er wohl oder übel für einen Teil des Schadens auf.

Die Geschädigten können eventuell mit Reinigungsgutscheinen „getröstet“ werden. So könnte in diesem Fall zumindest verhindert werden, dass die Kunden völlig vergrault der Textilreinigung fernbleiben.

Der Sachverständige empfiehlt

Auch wenn polyurethanhaltige Textilien als reinigungsfähig in Perchlorethylen gekennzeichnet sind, empfiehlt sich, vorab zu prüfen, ob durch eine Reinigung in KWL oder durch Nassreinigung nicht das Risiko einer Schädigung reduziert werden kann.

Tritt ein Schadensfall auf, ein Tipp zur Regulierung: Informieren Sie die betroffenen Kunden über die Rechtslage. Der DTV hält ein Formschreiben vor, das im Bedarfsfall auf der Geschäftsstelle in Bonn abgerufen werden kann.

Sollte sich der Textilreiniger zu einer Kulanzleistung entschließen, erkennt der Kunde, wie kundenfreundlich die Schadensregulierung von der Reinigung vorgenommen wird - hoffentlich.

7. Daunenjacke: Ränder durch überschüssigen Farbstoff

Überschüssige Farbe

Im folgenden Schadensfall hat eine Daunenjacke nach der professionellen Reinigung mit Per schwarze Ränder an den Tascheneingriffen. Ursache ist ein überfärbter Futterstoff. Autor und Sachverständiger Meinrad Himmelsbach sieht hier eine naheliegende Lösung: Eine erneute Reinigungsbehandlung, um den überschüssigen Farbstoff zu entfernen, oder ein „Abziehen" des nicht fixierten Farbstoffs.

Regelmäßig suchen Reinigungskunden den Rat eines Gutachters. Unvermittelt stehen sie im Laden eines Textilreinigungssachverständigen und möchten ein Gutachten in Auftrag geben.

Die öffentliche Bestellung und Vereidigung eines Gutachters beinhaltet auch die Pflicht zur Gutachtenerstellung. Ein Abweisen des potenziellen Gutachtenauftraggebers ist insofern nicht ohne Weiteres möglich. Allerdings ist auch nicht in jedem Fall die Ausarbeitung eines Gutachtens erforderlich. So lohnt es sich in aller Regel nicht, wegen Knöpfen, die durch eine Reinigung in Per teils an-, teils abgelöst wurden, ein Fachgutachten erstellen zu lassen. Nochmaliges Reinigen in Per beseitigt die verbleibenden Knopfreste. Ersatz ist (von Ausnahmen abgesehen) für kleines Geld erhältlich. Da ist der Kunde gut beraten, statt ein Gutachten zu beauftragen, seine Reinigung um die Beseitigung der Knopfreste zu bitten. Etwas schwieriger wird es für den Sachverständigen im folgenden Schadensfall.

Die Daunenjacke wurde wie in der Pflegekennzeichnung angegeben in Per gereinigt.

Schadensbild

Ein Daunenmantel wurde, wie laut Pflegekennzeichnung empfohlen, schonend in Per gereinigt. Eine Waschbehandlung war vom Hersteller nicht empfohlen, mit Sicherheit im Hinblick auf die bei den Taschenpatten und dem Kragenbesatz verwendete Schurwolle. Nach der Bearbeitung sind an den Tascheneingriffen schwarze Ränder zu sehen, die vor der Reinigungsbehandlung nicht vorhanden waren.

Nach der fachgerechten Bearbeitung sind an den Tascheneingriffen schwarze Ränder zu sehen.

Schadensursache

Durch eine Reibprobe mit einem lösungsmittelgetränkten, weißen Baumwolltuch zeigt sich, dass der Futterstoff der beiden Taschen überfärbt ist. Da während des Trocknungsprozesses der Oberstoff aus Polyamid schneller getrocknet ist, wurde durch den Kapillareffekt Lösungsmittel, das sich im dickeren Baumwollstoff der Taschenfutter befand, an die Oberfläche des Oberstoffs gezogen und hat dabei nicht fixierte Farbpartikel „mitgerissen“.

Schadensursache: das überfärbte Taschenfutter.

Schadensregulierung

Dieser Schaden sollte über den Einzelhändler an den Hersteller zu einer Stellungnahme zurückgegeben werden. Es besteht die Hoffnung, dass der betreffende Hersteller aus dieser Reklamation die richtigen Schlüsse zieht. Zu wünschen wäre, dass er in Zukunft auch einen Futterstoff vor der Verarbeitung auf Überfärbung und Reinigungsechtheiten prüft.

Gelegentlich ist dieser Weg aus verschiedenen Gründen nicht gangbar. Handelt es sich beispielsweise um ein Geschenk, bei dem der Einkaufsbeleg nicht mehr vorliegt, oder um ein Teil, das gebraucht im Internet erstanden wurde, wird es schwierig.

Die Lösung des hier dargestellten Falles liegt näher, als man zunächst vielleicht denkt. Eine erneute Reinigungsbehandlung könnte den überschüssigen Farbstoff entfernen. Eine weitere Option wäre, den überschüssigen, nicht fixierten Farbstoff „abzuziehen". Die Hilfsmittellieferanten für die Textilreinigungsbranche bieten entsprechende Produkte an. Mit ein bisschen Fingerspitzengefühl und Übung können auf diese Weise Schäden beseitigt werden, noch bevor der Kunde davon Kenntnis nimmt. Den erhöhten Aufwand an Zeit und Hilfsmittel kann man gedanklich mit den Weitläufigkeiten einer Schadensregulierung an der Ladentheke gegenrechnen.

In diesem Fall wollte die Kundin von der Reinigung eine neue Jacke erstattet bekommen. Dieser Forderung konnte mit dem Gutachten erfolgreich entgegengetreten werden.

Der Sachverständige empfiehlt

Mit Kunden über Reklamationen zu sprechen ist mir eher unangenehm. Ich versuche handwerklich vieles, um diese Situation zu vermeiden. Fachlich gesehen ist das zudem wesentlich interessanter. So haben Kunde und Textilreiniger etwas davon.

8. Jacke (I): Ärger mit Textilhandel

Markenjacke oder textiler Schrott?

Vermehrt kommen Textilien in die Reinigungen, deren Gewebe beispielsweise neben Baumwolle auch aus Metallfasern besteht. Diese Metallfasern sorgen für einen lässigen Knitterlook, der auch durch Bügeln nicht zu beseitigen ist. Auch in der dem Gutachter vorgelegten Jacke, Marke Tommy Hilfiger, kam eine Fasermischung aus 94 Prozent Baumwolle und sechs Prozent Metall zum Einsatz.

Nach der Reinigung fühlt sich die Jacke sehr rau und stellenweise wie Schmirgelpapier an. Außerdem weist die Färbung der Jacke umfangreiche Lichtschäden auf, die vor der Reinigungsbehandlung nicht sichtbar gewesen sein sollen. Der Textilreiniger schreibt dem Kunden, dass die Schädigungen materialbedingt verursacht seien und nicht auf eine fehlerhafte Reinigungsbehandlung zurückzuführen sind. Er solle sich doch über seine Verkaufsstelle an den Hersteller wenden.

Die reklamierte Jacke.

Der Reinigungskunde besteht weiterhin darauf, dass er die Jacke von der Reinigung ersetzt bekommt, und beauftragt über seinen Rechtsanwalt einen Gutachter. Der weitere Verlauf wird sogar noch abstruser. Der Textilhändler schrieb der Textilreinigung, mit Kopie an den Käufer der reklamierten Jacke, folgenden Brief:

„... Den gleichen Fall hatten wir mit einer Reinigungskundin von Ihnen im vergangenen August. Am 10. August erhielten Sie einen Brief von uns, den Sie völlig ignorierten und die Damenjacke in einem völlig unakzeptablen Zustand wieder an die Kundin zurückgaben. ...

Mit beiden Vorgängen haben wir eigentlich nichts zu tun, als damit, dass die Jacken bei uns einwandfrei gekauft wurden und diese Teile durch Ihre schlechte Reinigung nicht mehr tragbar sind. Wir haben einige Ihrer Kollegen befragt, die ganz eindeutig darauf hinweisen, dass in Ihrer Reinigung Fehler unterlaufen sind, die zu diesen Beschädigungen geführt haben.

Wir möchten nochmals darauf hinweisen, dass wir uns für unsere Kunden verwenden, die offensichtlich bei Ihnen kein Gehör finden.

Wir möchten aber gleichzeitig signalisieren, dass wir vor Ihrer Reinigung warnen werden, sofern Sie sich nicht bemüßigt fühlen, im letzteren Fall einen Ausgleich zu schaffen. Zu gerichtlichen Schritten werden Sie es sicherlich nicht kommen lassen wollen. Die Jacke wurde bei uns am ... (Anm. d. Red.: knapp ein Jahr alt bei der Abgabe zur Reinigung) zum Preise von 200 Euro gekauft. Dieser Preis ist über einen Verkaufsbeleg nachweisbar.“

Eine Stellungnahme des Herstellers lag dem Gutachter nicht vor. Der Brief spricht Bände, denn immer wieder stößt die professionelle Textilpflege im Textileinzelhandel auf offene oder verdeckte Vorurteile. Die Möglichkeit, dass nicht nur Reinigungen, sondern auch Textilhersteller Schäden verursachen können, wollen sich manche Akteure der textilen Kette einfach nicht vorstellen.

In diesem Fall konnte der geschädigte Reinigungskunde davon überzeugt werden, dass ein öffentlich bestellter und vereidigter Gutachter die Jacke ergebnisoffen begutachten darf. Auf ein vorbestelltes Ergebnis kann und darf sich der Gutachter ohnehin nicht einlassen.

Schadensursache

Was ist die Ursache der Schädigung? Die Farbveränderungen sind an den Teilen der Jacke besonders ausgeprägt, die bei Gebrauch dem Licht am stärksten ausgesetzt sind. Hierbei sind die Aufhellungen im Bereich der Schulter, an denen die Sonneneinstrahlung senkrecht auftrifft, besonders stark. Die Bereiche, die vor Sonne und Licht geschützt sind, wie Taschenpatteninnenseiten, Achseln und Armbündcheninnenseiten, weisen keine Farbschäden auf. Sollte eine fehlerhafte Reinigungsbehandlung die Ursache der Veränderungen sein, würde sich die Schädigung nicht nur an den besonders lichtexponierten Stellen zeigen. Hieraus lässt sich schließen, dass ein Teil der Farbpartikel durch die Lichteinwirkung die feste Verbindung mit dem Gewebe verloren hat und deshalb bei der ordnungsgemäßen Reinigungsbehandlung ausgespült werden konnte. Es handelt sich also um einen Lichtschaden.

Die Jacke weist keine Anzeichen einer fehlerhaften Reinigungs- oder Waschbehandlung auf. Die Aufrauung der Oberfläche wird durch die Veränderung des Metallfaseranteils verursacht. Die Metallfaser wird zur Verarbeitung in der Regel mit Weichmacher ausgerüstet. Dieser Weichmacher muss jedoch auch, entsprechend der Pflegekennzeichnung, reinigungs- und waschbeständig sein. Dies war bei der Jacke nicht der Fall. Die Metallfasern sind unkontrolliert gebogen und gebrochen. Die Kanten und Bruchstücke stehen nun vom Gewebe ab und erzeugen dadurch eine raue Oberflächenhaptik. Hier ließe sich auch von „textilem Schrott“ sprechen.

Die Farbschäden sind gut erkennbar.

Schadensregulierung

Der Schaden ist eindeutig nicht dem Textilreiniger anzulasten. Dem Kunden bleibt die Möglichkeit, die Jacke beim Textileinzelhändler zu reklamieren. Von dieser Möglichkeit hat der Kunde keinen Gebrauch gemacht, da es ihm zu lästig ist.

Der Sachverständige empfiehlt

In der Praxis der Schadensbegutachtung hat sich gezeigt, dass sich bis zu einem Metallfaseranteil in Höhe von fünf Prozent eines Gesamttextils die negativen Auswirkungen in Grenzen halten. Bei höheren Metallfaseranteilen sind häufiger Probleme bei der Pflegebehandlung zu erwarten. Deshalb: Vorsicht! Ausnahme hiervon sind Textilien, in denen Lurexfäden verarbeitet sind. Sie weisen in der Regel gute Pflegeeigenschaften auf.

Sollte es in Ihrer Textilreinigung jedoch zu einem solchen Zwischenfall kommen, suchen Sie am besten das Gespräch mit dem Einzelhandel und vereinbaren Sie eine neutrale Untersuchung durch eine Schiedsstelle oder einen öffentlich bestellten und vereidigten Gutachter für Textilreinigung. Vereinbaren Sie die Kostenübernahme durch den Einzelhändler, falls der Gutachter zum Ergebnis kommt, dass ein Herstellungsmangel vorliegt.

INFORMATION | SCHADENSFÄLLE

Textbeispiele für einen Vergleich

Folgende Textbeispiele können als Vorlage für Vereinbarungen in ähnlichen Schadensfällen dienen. Wichtig ist hier eine Beschreibung des Textilteils mit Auftragsnummer der Reinigung etc.

Welcher Schaden ist entstanden? Was genau wird reklamiert?

Wie wurde das Teil in der Reinigung oder Wäscherei bearbeitet? Wie hoch sind die Kosten voraussichtlich?

Kunde X:
„Falls eine Schiedsstelle für Textilreinigungsschäden oder ein öffentlich bestellter und vereidigter Gutachter für Textilreinigung zum Ergebnis kommt, dass die Schädigung des von mir reklamierten Textilteils in meinem Verantwortungsbereich fällt, übernehme ich die Kosten für die Begutachtung und sehe von Ansprüchen gegenüber der Textilreinigung und dem Einzelhändler verbindlich ab."

Ort, Datum, Unterschrift

Textilreinigung X:
„Falls das Gutachten zum Ergebnis kommt, dass es sich um eine Schädigung handelt, die in den Verantwortungsbereich der Textilreinigung fällt, übernehmen wir die Kosten für das Gutachten und ersetzen den Teil entsprechend der vertraglichen und gesetzlichen Bedingungen."

Ort, Datum, Unterschrift, Stempel

Einzelhändler X:
„Falls das Gutachten zu der Einschätzung kommt, dass die Ursache für die Reklamation im Einflussbereich des Herstellers oder Einzelhändlers liegt, sind wir bereit, die Kosten des Gutachtens zu übernehmen und dem Kunden Ersatz zu leisten."

Ort, Datum, Unterschrift, Stempel

9. Jacke (II): Perforationseffekt durch Fehlkonstruktion

Ganz schön gerissen

Eine sportliche Jacke ist durch die Reinigung zerfetzt. So sieht es zumindest der enttäuschte Kunde bei der Reklamation. Um die Ursache zu klären, wird ein Sachverständigengutachten benötigt. Dieses kam zu dem Schluss: Keine Fehlbehandlung, sondern eine ungenügend durchdachte Konstruktion ist schuld.

Katastrophen und Dramen spielen sich, so sollte man meinen, hierzulande oft im Straßenverkehr oder in Krankenhäusern ab. Dass auch Textilreinigungen zu den Schauplätzen vermeintlicher Katastrophen gehören, davon können Textilpflegeberater und Ladenpersonal in Textilreinigungen eine Menge berichten. Zur Einleitung von Reklamationsgesprächen neigen manche Kunden zu Übertreibungen.

Im vorliegenden Fall traf es den Kunden aus heiterem Himmel. Das ist allerdings die einzige Gemeinsamkeit mit einer wirklichen Katastrophe. Bei dem Schadensfall handelt es sich um eine sportive Herrenjacke mit Kunstpelzkragen. Der Kunstpelz spielt allerdings weiter keine Rolle, da er vom Kunden vor der Abgabe zur Reinigung abgetrennt worden war. Bei der Warenschau konnten keine Beschädigungen erkannt werden. Die Jacke wurde in der Textilreinigung einer Wäsche bei 30 °C unterzogen und anschließend einige Minuten mit dem gewerblichen Trockner angetrocknet; später dann zum Durchtrocknen feucht aufgehängt.

Beim Aufhängen wurden bereits zwei Schadstellen entdeckt. Zum Bedauern der Chefin der Reinigung wurde die Jacke gefinisht und dem Kunden bei der Abholung kommentarlos ausgehändigt.

Die geschädigte Jacke brachte der Kunde am gleichen Tag in die Reinigung zurück. Viel Geschick war von der Textilpflegeberaterin erforderlich, um die Reklamation in geordnete Bahnen zu lenken. Das Vertrauen in die Reinigung war jedoch aufgebraucht. Also wurde ein Sachverständigengutachten benötigt.

Schadensbild

Bei dem geschädigten Textil handelt es sich um eine Blousonjacke für Herren. Der Oberstoff besteht laut Herstellerangaben aus 100 Prozent Baumwolle in Leinwandbindung, die Wattierung und der Futterstoff bestehen aus 100 Prozent Polyester.

Der Oberstoff der Jacke besteht laut Herstellerangaben aus 100 Prozent Baumwolle, die Wattierung und der Futterstoff bestehen aus 100 Prozent Polyester.

Die Schadstellen befinden sich an den oberen, außen gelegenen Ecken der aufgenähten Brusttaschenpatten. Dort treffen sich drei Nähte der aufgenähten und ebenfalls leicht gepolsterten Taschenpatten. Die Nähte verbinden ausschließlich den Oberstoff mit der Taschenpatten, nicht jedoch die sich unmittelbar darunter befindliche Polsterung. Aufgrund der vielen Einstiche an dem Treffpunkt der drei Nähte entsteht hier eine besonders dichte Perforation.

Schadensursache

Der Schaden trat dadurch ein, dass das in der Polsterung befindliche Wasser nicht schnell genug durch das leinwandbindige Gewebe austreten konnte. An der schwächsten Stelle ist das Gewebe beim Schleuderprozess zunächst an- und weitergerissen oder anders ausgedrückt „geplatzt“. Die Kombination aus Perforationseffekt (Briefmarkeneffekt) und der Konstruktion der Blousonjacke hat, ohne dass eine Fehlbehandlung stattgefunden hat, zu diesem Schaden geführt. Dabei wurde der Schadenseintritt dadurch begünstigt, dass die Polsterung nicht mit der Taschenpatte vernäht war und das leinwandbindige Gewebe, einmal angerissen, besonders leicht weiterreißt.

Die Schadstellen befinden sich an den oberen, außen gelegenen Ecken der aufgenähten Brusttaschenpatten. Das leinwandbindige Gewebe reißt leicht weiter, wenn es einmal angerissen ist.

Mögliche Schadensvermeidung

Der Schaden könnte durch eine geeignete Unterklebung des Oberstoffes, bei der Konfektionierung des Bekleidungsstückes, vermieden werden.

Ob sich das verloren gegangene Vertrauen des Kunden letztendlich zurückgewinnen lässt, wird erst die Zukunft zeigen. Ein Gutachten kann jedoch ein guter Anfang sein, eine emotionale Situation zu versachlichen.

Der Sachverständige empfiehlt

Besonders empfindlich reagieren Kunden, wenn sie den Eindruck haben, dass man ihnen einen Schaden unterschieben möchte.

Sind sichtbare Schäden nach der Pflegebehandlung vorhanden, so sollte dies möglichst gleich bei der Warenausgabe dem Kunden mitgeteilt werden. Ansonsten ist ein Vertrauensverlust unvermeidbar.

10. Kostüm: Zeitwertberechnung bei mehrteiligem Kostüm

Reduzierten Zeitwert berechnen

Ist es aufgrund unterschiedlicher Pflegekennzeichnung nicht möglich, beide Teile eines Kostüms gemeinsam zu reinigen, so kann das zu Problemen führen: Mit der Zeit sind Farbabweichungen durch die unterschiedlichen Prozesse möglich. Führt die fehlerhafte Behandlung eines Teiles zu einem Schaden, so muss der Zeitwert anhand einer Tabelle ermittelt werden.

Ein modisch bedrucktes Kostüm wird in eine Textilreinigung gegeben. Der Fachmann weiß: Normalerweise werden zwei- oder mehrteilige Bekleidungsstücke mit derselben Charge gereinigt, damit sich kein Unterschied im Aussehen ergibt. Auch wenn eine Farbdifferenz nach einem einmaligen Reinigungsprozess in vielen Fällen nicht eintritt, so ist doch das Risiko einer allmählichen farblichen Abweichung zwischen zwei oder mehr Teilen regelmäßig gegeben. Deshalb wird immer empfohlen, bei mehrteiligen Textilien alle Teile zusammen zu reinigen oder zu waschen. Sollte also ein Kunde nur die Hose vom Anzug abgeben und diese durch eine Fehlbehandlung zu Schaden kommen, so kann der Textilreiniger einen Ersatz der Jacke in der Regel mit Erfolg schon deshalb ablehnen, da der Kunde den „Zusammenhang“ des Anzuges von sich aus aufgegeben hat.

Bei dem hellen, modisch bedruckten und bestickten Damenanzug (eine Mischung aus Baumwolle und Leinen mit zwei unterschiedlichen Geweben und bunten Paspeln) dieses Schadensfalls ist die Situation jedoch eine andere. Hier befindet sich in der Jacke eine Pflegekennzeichnung, die darauf hinweist, dass nur eine schonende Lösemittelbehandlung (Pflegekennzeichnung P) möglich ist, selbst das Bügeleisensymbol ist durchgestrichen. Auf der Kennzeichnung des Rocks ist hingegen Reinigen nicht erlaubt, dafür aber eine Schonwäsche bei 40 °C und Bügeln bei Temperaturstufe zwei, also max. 150 °C.

Die unterschiedlichen Pflegeempfehlungen führen dazu, dass Rock und Jacke unterschiedlichen Bearbeitungsprozessen ausgesetzt werden müssen und sich dadurch farbliche Unterschiede ergeben. Der waschbare Rock wird an Farbtiefe verlieren, während der Blazer langsam, aber sicher durch die Pflegebehandlungen etwas vergrauen wird. Von der Konfektion her gedacht haben die Pflegeempfehlungen durchaus eine gewisse Berechtigung: Der Blazer ist aufwendiger geformt und behält durch eine Reinigungsbehandlung mit Lösungsmittel besser seine ursprüngliche Form. Schonwäsche würde aufwendiges Bügeln erfordern, das vielleicht deshalb durch den Hersteller verboten wurde, um bei Reklamationen Bügelfehler von Endkunden nicht nachweisen zu müssen. Allein die Tatsache, dass der Blazer gebügelt wurde, würde dann bereits ausreichen, um eine Reklamation abzulehnen. Ein Rock bekommt oft schneller einen Fleck, der mit einer Wäsche entfernt werden kann. Beim Bügeln eines Rocks kann man meist nicht viel falsch machen. Er wird einfach „rundherum“ gebügelt. Warum er aber nicht gereinigt werden darf, dafür gibt es keine erkennbare Erklärung. Eine weitere Kuriosität: Bei der Pflegekennzeichnung befinden sich zusätzliche englischsprachige Hinweise. Unter anderen: „Shrinkage max. 5 %.“ Also darf der Rock maximal fünf Prozent einlaufen. Bei einem Bundumfang von beispielsweise 84 cm kann der Rock demzufolge um ganze 4,2 cm enger werden. Beim Blazer findet sich dieser Hinweis nicht, da er ja auch nicht gewaschen werden darf. In der Praxis führt das dazu, dass der Rock nicht mehr passt. „Pech - es steht ja in der Pflegekennzeichnung“, könnte eine Antwort der Verkäuferin dann lauten.

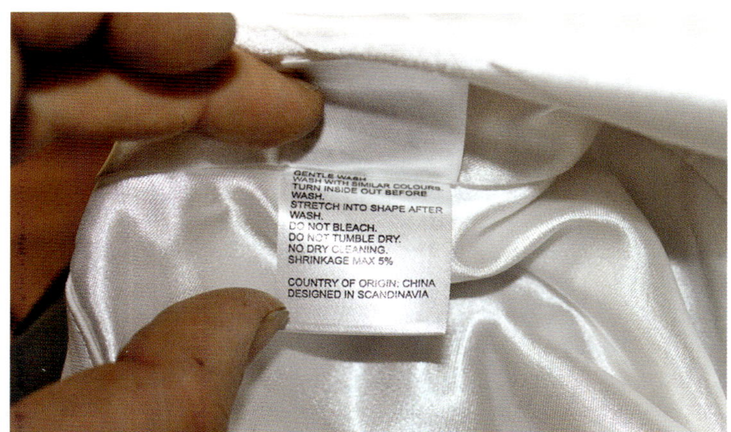

Die Pflegekennzeichnung gibt Auskunft darüber, dass der Rock bis zu fünf Prozent schrumpfen kann.

Schadensursache

In vorliegendem Fall wurde der Blazer ordnungsgemäß gereinigt, der Rock mit anderen hellen Oberbekleidungsteilen mit Vollwaschmittel gewaschen. Unglücklicherweise ist der optische Aufheller auf den Baumwollstoff aufgezogen und führte zu einer „rötlichen Verfärbung“. Dies stellt eine Fehlbehandlung dar, da man creme- und pastellfarbene Oberbekleidung nicht mit Waschmitteln bearbeiten darf, die Aufheller enthalten. Eine Farbveränderung ist anderenfalls programmiert.

Schadensregulierung

Da der Textilreiniger hier einen bedauerlichen Fehler gemacht hat, ist er zum Ersatz des Schadens verpflichtet, der anhand der Zeitwerttabelle ermittelt werden kann. Dabei spielen neben dem ursprünglichen Einkaufspreis das Alter des Kostüms, also der Zeitraum zwischen Kauf und Auftragserteilung an die Reinigung, und auch der Zustand nach einer fehlerfreien Reinigungsbehandlung eine wichtige Rolle. Auch ist die sogenannte „Lebenserwartung“ ein bedeutender Faktor bei der Ermittlung des Zeitwertes.

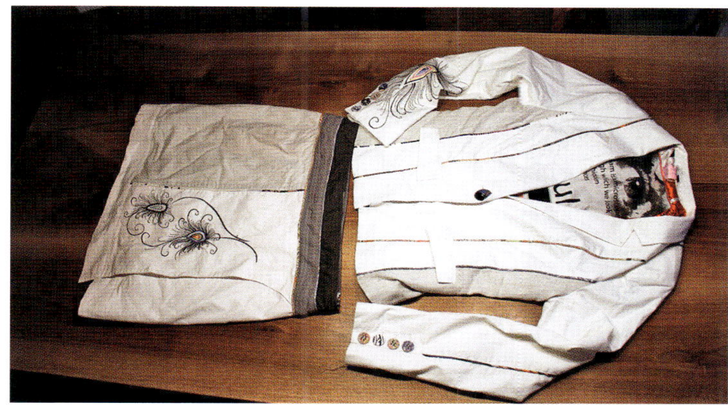

Das Kostüm ist aufwendig gestaltet und schwierig zu pflegen.

Mithilfe der Zeitwerttabelle der öffentlich bestellten und vereidigten Sachverständigen des Textilreinigerhandwerkes, die allgemein anerkannt ist, kann die Zeitwertermittlung vorgenommen werden. Die Tabelle findet sich unter anderem auf der Homepage des Deutschen Textilreinigungs-Verbands (DTV). Falls die Zeitwerttabelle zur Hand genommen wird, kann die Ermittlung des Zeitwertes in sieben Schritten anhand dieses Beispiels nachvollzogen werden. Eine Modellrechnung für das Kostüm könnte folgendermaßen aussehen: Kaufpreis 180 Euro, Alter 14 Monate.

1. Schritt:
Die durchschnittliche Lebenserwartung von modischen Kostümen beträgt laut Zeitwerttabelle zwei Jahre. In der Sommersaison, für die das Kostüm gefertigt wurde, sind mehrere Pflegezyklen nötig. Da Blazer und Rock unterschiedlichen Pflegevorgängen unterzogen werden müssen, stellen sich die Farbtonunterschiede bereits nach einigen Pflegezyklen ein. So kann in diesem Fall die Lebenserwartung auf ein Jahr (eine Saison) reduziert werden.

2. Schritt:
In der Spalte „Lebenserwartung in Jahren“ trifft die linke Spalte 1 (= ein Jahr) zu.

3. Schritt:
Das Alter (14 Monate) in der Spalte suchen. Da das Alter über 12 Monaten liegt, trifft die unterste Zeile zu.

4. Schritt:
In der Zeile mit dem Alter „über 12 Monaten“ nach rechts in die Rubrik Zeitwert/Erhaltungszustand gehen.

5. Schritt:
Der Erhaltungszustand des Kostüms ist überdurchschnittlich gut, was einen Zeitwert von 20 Prozent des Anschaffungspreises ergibt.

6. Schritt:
Die Berechnung lautet dann 20 Prozent von 180 Euro. Das wären in dieser Beispielrechnung 36 Euro.

7. Schritt:
Teuerungsrate in % dazurechnen. Diese kann auf der Internetseite des Deutschen Textilreinigungsverbandes (DTV) unter www.dtv.de im Bereich Reklamationen eingesehen werden. Dieser Wertverlust ist für den Kunden bedauerlich. Die Ursache wurde jedoch bei der Konfektionierung zugrunde gelegt.

Ein kleiner Trost für die Kundin könnte die Überlassung des Blazers zur weiteren Nutzung sein. Denn eigentlich ist mit 36 Euro das Kostüm bezahlt und beide Teile gehören der Reinigung.

Grundsätzlich zu beachten ist auch, dass die Zeitwerttabelle kein starres Schema ist, sondern je nach Einzelfall Abweichungen von den Durchschnittswerten erfordert.

Der Sachverständige empfiehlt

Leistet man den vollen Wiederbeschaffungswert (im vorliegenden Beispiel 36 Euro), kann man einer eventuellen gerichtlichen Auseinandersetzung ruhig entgegensehen und hat das Prozessrisiko zudem minimiert. Ein eventuell vom Gericht veranlasstes Gutachten bräuchte sich nicht mehr mit der Frage einer Fehlbehandlung zu befassen und wäre dadurch wesentlich günstiger.

In diesem Fall wäre höchstens die Höhe des Zeitwertes strittig, also die Differenz zwischen der Erstattung durch die Reinigung und der Forderung der Kundin. Da sich sowohl die Gebühren der Anwälte als auch die Gerichtsgebühren an der Höhe des jeweiligen Streitwertes orientieren, werden diese Gebühren ebenfalls etwas geringer ausfallen, da die 36 Euro ja schon bezahlt wären. Wer dem Kunden 180 Euro ersetzt, ist besonders kundenfreundlich.

11. Mantel: Handarbeit ohne Vorbehandlung

Eine langwierige Näharbeit wird wertlos

Ein Mantel wird durch die Bearbeitung in der Reinigung zwei Größen kleiner. Die Enttäuschung ist groß, hatte doch die Besitzerin das Bekleidungsstück selbst in ca. 60 Arbeitsstunden angefertigt. Liegt der Fehler bei der Reinigung? Man trifft sich vor Gericht.

Ein selbst genähter Bouclémantel wurde vor der Wintersaison zur Reinigung gegeben. Nach der Reinigungsbehandlung ist der Mantel laut Kundin ungefähr zwei Größen zu klein. Die Kundin reklamiert diesen Schaden bei ihrer Reinigung, die ihrerseits nachzubessern versucht. Dieser Versuch bleibt jedoch erfolglos. Der Reiniger ist der Auffassung, die Maßänderung sei materialbedingt. Die Kundin, die den Mantel im Laufe von ungefähr 14 von einem Stoffladen angebotenen Nähabenden angefertigt hat, gibt sich damit nicht zufrieden und verklagt im März des Folgejahres die Reinigung auf Zahlung von 500 Euro, davon 350 Euro für die aufgewendete Arbeitszeit und 150 Euro für den Materialeinsatz. Vor Gericht kann sich die Kundin mit dem Textilreiniger nicht einigen. Der Richter beauftragt im Juli einen Sachverständigen mit der Klärung folgender Fragen:

Was ist die Ursache (Materialfehler, falsche Behandlung) des gegenwärtigen Zustands des streitgegenständlichen Mantels der Klägerin?

Wie hoch ist der Wiederbeschaffungswert des Mantels?

Mit dem Mantel werden auch noch vier Stoffmuster eingeschickt. Im Vergleich zu den Stoffmustern fühlt sich der Mantel filzig an. Der erste Gedanke: War zu viel Feuchtigkeit in der Reinigungsflotte?

Da weder Materialkennzeichnung noch Pflegekennzeichnung vorliegen, wird eine Faserbestimmung vorgenommen. Dabei wird ersichtlich, dass der Oberstoff aus einem Materialmix aus Schurwolle, Baumwolle und synthetischen Fasern besteht. Auf den Oberstoff ist an der Innenseite ein Vlies aus Seide aufgebügelt. Der Futterstoff besteht aus 100 Prozent Acetat.

Schadensursache

Bei der mikroskopischen Untersuchung ist keine Verfilzung der Schurwollfasern erkennbar. Einen weiteren Hinweis, dass es sich nicht um einen Schaden durch Feuchtigkeitseinwirkung während des Reinigungsprozesses handelt, liefert das Acetatfutter. Der Futterstoff zeigt den typischen Glanz und die Oberflächenstruktur auch an den dem Bügeleisen unzugänglichen Stellen. Dies wäre bei einer Feuchtigkeitseinwirkung während des Reinigungsprozesses nicht der Fall.

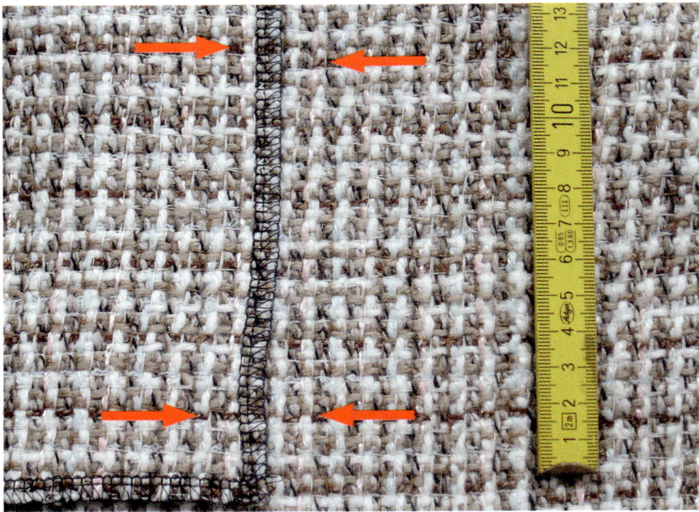

Das Foto zeigt einen Ausschnitt aus dem Mantelgewebe (rechtes Stoffteil) im Vergleich mit einem Muster des Originalstoffes (linkes Stoffteil). Am braunen Faden (siehe rote Pfeile) ist erkennbar, dass der Stoff geschrumpft ist.

Links zu sehen ist das Stoffteil, das mit anderen Mänteln zusammen gereinigt wurde, rechts das Originalmuster. Erst beim Reinigen mit schwerer Ware verdichtet sich der Musterstoff. Der Längenunterschied ist am oberen Bildrand sichtbar.

Bei der Produktion von textilen Flächengebilden können durch die verschiedenen maschinellen Verarbeitungsvorgänge (wie beispielsweise Weben, Waschen, Bleichen, Ausrüsten) Spannungen im Stoff entstehen, die sich beim Reinigen, Waschen, Dämpfen oder Bügeln wieder lösen können und dadurch zu einer Maßänderung führen. Insbesondere bei Polyacrylfasern kommt auch eine Gewebeverdichtung durch mechanische Einflüsse in Betracht.

Mithilfe der mitgelieferten Stoffproben konnte ermittelt werden, dass es sich nicht um eine Entspannungskrumpfung, sondern um eine Materialverdichtung aufgrund von mechanischen Einflüssen, insbesondere Reibung und Stauchung, handelt. Eine Stoffprobe, die mit leichter Ware gereinigt wurde, wies keinerlei Veränderung auf. Dagegen hatte die Stoffprobe, die mit Mänteln gereinigt wurde, eine dem Schadensbild entsprechende Veränderung erfahren. Das vorliegende Bouclégewebe ist also für die Verarbeitung zu einem Mantel erst nach einer Vorbehandlung geeignet, die diesen Verdichtungsprozess vorwegnimmt.

- Beantwortung der Fachfrage nach der Ursache: Die Textilreinigung ist für die Maßänderung nicht verantwortlich.
- Beantwortung der zweiten Frage nach dem Wert des Mantels: Die Wertermittlung kann prinzipiell aufgrund der von der Kundin eingesetzten Materialkosten und des Zeitaufwandes, der für die Herstellung des Mantels aufgewendet wurde, ermittelt werden. Hier lag jedoch eine handwerklich sehr mangelhafte Näharbeit vor, so dass diese Form der Wertermittlung nicht infrage kommen konnte. Es wurde deshalb versucht, in etwa zu ermitteln, wie hoch der Wiederbeschaffungswert eines gleichwertigen Mantels sein könnte. Dazu wurde aus drei Angeboten etwa gleichartiger, kommerziell hergestellter Mäntel der Durchschnittspreis von rund 120 Euro errechnet.

Schadensregulierung

Mit Schreiben vom September wurde vom Gericht mitgeteilt, dass die Klage zurückgenommen wurde. Die Kundin oder ihre Rechtsschutzversicherung muss die nicht unerheblichen Kosten für Anwalt, Gutachten und Gericht tragen.

Der Sachverständige empfiehlt

Bei selbst genähten Textilien bestehen immer besondere Risiken, da sich die Materialauswahl von Stoffen, Nähgarn und Zutaten, besonders jedoch die Vorbehandlung des Stoffes und eine Vielzahl anderer Faktoren schon bei der ersten Pflegebehandlung negativ auswirken können. Es empfiehlt sich, den Kunden über diese Risiken zu informieren und dies zu dokumentieren.

12. Mikrofaserjacke: Gewebeschädigungen durch scharfkantige Knöpfe

Nicht zu scharf behandeln, bitte!

Eine Mikrofaserjacke zeigte nach der Reinigung Gewebeschädigungen im Knopfbereich. Das *„dazu beauftragte"* Gutachten entlastete den Reiniger, mahnt jedoch zur Vorsicht: Übersieht der Textilreiniger scharfkantige Knöpfe, die Gewebeschäden verursachen, kann der Kunde Schadensersatz fordern.

„Am besten melden Sie das gleich Ihrer Versicherung. Da wurde offensichtlich zu scharf gereinigt!" Welcher Textilreiniger kennt diesen Satz nicht? Wer hat in solch einer Situation noch nicht mit den Augen gerollt? In diesem Fall bezog sich die Forderung des Kunden auf eine Mikrofaserjacke mit Druckknöpfen aus Metall. Sie zeigte Gewebeschäden mit unterschiedlich starker Ausprägung, die sich in der Nähe der Knöpfe befanden.

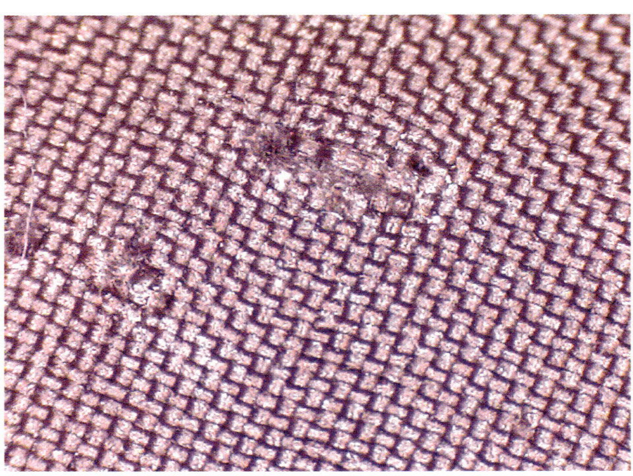

Das Mikrofasergewebe zeigte nach der Reinigung Schädigungen unterschiedlich starker Ausprägung.

Um Streitigkeiten am Ladentisch zu vermeiden, meldete der Textilreiniger den Schaden seiner Versicherung. Diese prüfte den Fall und kam zum vorläufigen Ergebnis, dass der Schaden nicht durch die Reinigung verursacht wurde. Sie bot dem Kunden jedoch die Erstellung eines Gutachtens durch einen öffentlich bestellten und vereidigten Sachverständigen für das Textilreinigerhandwerk an.

Sollte der Kunde mit seiner Behauptung „unterliegen", hätte er die entstehenden Kosten zu tragen. Andernfalls würde die Versicherung die Bezahlung des Gutachtens übernehmen, so der Vorschlag des Versicherers. Der Kunde stimmte diesem Vorschlag zu.

Bei der Begutachtung der Jacke fiel zunächst auf, dass die Beschädigungen des Mikrofasergewebes ausschließlich im Bereich der jeweiligen Druckknöpfe zu finden waren, während der Gesamtzustand der Jacke - abgesehen von den Schädigungen - sehr gut war.

Die Druckknöpfe waren vergleichsweise schwer. Bei den mittleren Knöpfen, die in der Regel bei Gebrauch öfters verwendet werden, waren die Faserschäden stärker ausgeprägt. Im Bereich des obersten Druckknopfes befanden sich dagegen keine erkennbaren Schäden.

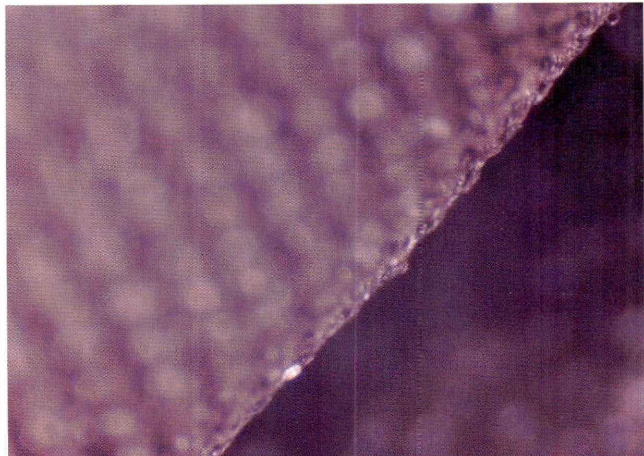

Der bloße Gebrauch der scharfkantigen Druckknöpfe wurde schließlich als Schadensursache identifiziert. Hier sehen Sie den gratartigen, scharfen Rand des Knopfes in 200-facher Vergrößerung.

Schadensursache

Von dem Schadensbild ist zu schließen, dass die Schädigungen bereits bei Gebrauch entstanden und durch die Reinigungsbehandlung lediglich sichtbar geworden waren. Aufgrund ihrer ausgeprägten Feinheit sind Mikrofasergarne besonders anfällig für Schädigungen durch mechanische Einflüsse. Im vorliegenden Fall sind die mechanischen Einflüsse durch das Zu- und Aufknöpfen der Jacke und die dabei erfolgten Berührungen der Knöpfe mit dem umliegenden Gewebe entstanden. Insofern hatte der Kunde sogar recht damit, dass das Gewebe zu „scharf" behandelt worden war - allerdings nicht durch die Reinigung, sondern durch die scharfkantigen Metallknöpfe an der Jacke (siehe Bild oben).

Schadensregulierung

Im Gegensatz zum vorliegenden Schadensfall können knopfbedingte Schädigungen für den Textilreiniger auch weniger glimpflich ausgehen: Sind scharfkantige Knöpfe bei der fachmännischen Warenschau erkennbar und entstehen durch diese bei der Reinigungsbehandlung Gewebeschädigungen, die nicht gebrauchsbedingt sind, könnte vom Textilreiniger sehr wohl Schadensersatz verlangt werden. In diesem Falle wären die Schädigungen durch Unachtsamkeit im Rahmen der Textilpflegebehandlung entstanden.

Der Sachverständige empfiehlt

Falls Sie mit der Aussage „zu scharf gereinigt“ konfrontiert werden: Dreimal tief durchatmen, lächeln und sachlich bleiben.

13. Outdoorjacke: Aufgequollene Polyurethan-Beschichtung

Aufgequollene Beschichtung

Die Auffrischung einer blauen SKAG-Outdoorjacke ist noch gut geworden. Mit dem Reinigungsergebnis einer zweiten roten Outdoorjacke ist die Kundin jedoch nicht zufrieden und erwartet vom Reiniger die Erstattung der Kosten von 150 Euro, weil dieser „die Jacke zu heiß gewaschen" habe. Was war passiert?

„Die Jacke meines Mannes ist so gut geworden, da wollte ich meine auch wieder auffrischen lassen. Aber jetzt ist sie total versaut und kaputt", meldet sich eine unzufriedenen Kundin. Eine SKAG-Outdoorjacke war entsprechend der Herstellerempfehlung schonend bei 30 °C gewaschen, imprägniert und in einem Trockner mit Feuchtigkeitssensoren auf fünf Prozent Restfeuchte getrocknet worden. Nach dem Trocknen war der Oberstoff der Jacke stark „verklebt".

Die beschädigte Outdoorjacke, die höchstens noch als „Kunstwerk" Verwendung finden kann.

Die Jacke wurde daraufhin mit einem Begleitbrief an die Kundin zurückgesandt. In dem Schreiben wurde auf die mangelnde Waschbeständigkeit der Jacke hingewiesen und empfohlen, über eine Reklamation beim Einzelhändler vom Hersteller eine schriftliche Stellungnahme anzufordern.

„Ich sehe das gar nicht ein! Das ist bei Ihnen passiert! Sie sind versichert und brauchen es nur Ihrer Haftpflichtversicherung melden!“ Und weiter: *„Mein Mann hat genau die gleiche Jacke, nur in einer anderen Farbe, und die war vor drei Wochen bei Ihnen und ist tadellos geworden. Sie haben sicher einen Fehler gemacht.“* Und so weiter und so fort.

Im Vergleich: Die Beschichtung des dunkelblauen Stoffs nach der Wäsche.

Ein Gutachter wird eingeschaltet und stellt fest: Der Oberstoff der Jacke besteht aus beschichtetem Polyester, das Futter aus einem Polyester-Polyamid-Mischgewebe. Entsprechend der Pflegekennzeichen darf sie weder gebleicht noch gebügelt oder gereinigt werden. Im Haushaltstrockner darf die Jacke ebenfalls nicht getrocknet werden.

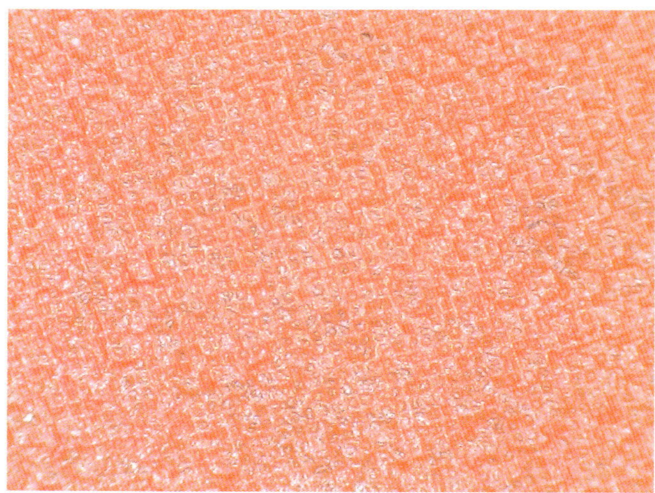

Die Beschichtung des verklebten roten Polyesterstoffs einer Outdoorjacke nach der Waschbehandlung.

Der Oberstoff setzt sich aus einem rotem Stoffteil und einem dunkelblauen Stoffteil zusammen. Der rote Stoff ist verklebt, der dunkelblaue unbeschädigt. Das Auseinanderziehen der Verklebungen führt zu einer teilweisen Ablösung der Beschichtung. Hat der Reinigungsbetrieb nun einen Fehler gemacht? Hätte er die Jacke nicht in den Trockner geben dürfen?

Schadensursache

Die internationalen Pflegekennzeichen beziehen sich beim Trocknersymbol ausdrücklich auf den Haushaltstrockner. Es kann daraus nicht geschlossen werden, dass eine Behandlung in einem Gewerbetrockner bei durchgestrichenem Symbol bereits eine Fehlbehandlung darstellt. Sollten die Verfahrensbedingungen im Gewerbetrockner, fachlich gesehen, dem Textilgut angepasst sein, steht einer Behandlung im Gewerbetrockner nichts im Wege. Der Trockner muss dafür wirksame Feuchtigkeits- und Temperaturüberwachung aufweisen.

Darüber hinaus sind heute fest einprogrammierte Verfahrensabläufe Standard, um die Verfahrensbedingungen an die Erfordernisse der jeweiligen Textilien zuverlässig anzupassen. Wichtig ist insbesonders, die vorgegebenen Abkühlzeiten einzuhalten und die Knitterschutzfunktion zu beachten. Die Knitterschutzfunktion stellt sicher, dass nach Ende der Trocknung die Textilien, sofern sie nicht entladen werden, hin und her gewendet werden. Das verhindert, dass die warmen Textilien im Trockner knittern, und sorgt für eine weitere Abkühlung der Textilien.

Zu den häufigsten Schäden, die durch das Trocknen in einem Trockner entstehen, gehört das Übertrocknen der Textilien. Wird die gesamte Feuchtigkeit aus der Ware herausgetrocknet, können Textilien durch „Übertrocknen" krumpfen oder durch zu hohe Temperaturen thermisch geschädigt werden.

Bei vorzeitigem Abbruch des Trocknungsvorgangs und gleichzeitigem Verbleib der Ware im Trockner können ebenfalls thermische Schädigungen und im schlimmsten Fall auch Brände durch Selbstentzündung der Wäsche entstehen. Insbesondere wenn die Wäsche noch fett-, öl- oder lösemittelhaltige Verschmutzungen aufweist.

Schadensregulierung

Die Beschichtung der reklamierten Jacke besteht aus einer Polyuretanmasse, die im Streichverfahren von innen auf den Oberstoff aufgebracht worden ist.

Im mikroskopischen Bild lassen sich die Unterschiede in der Beschichtung des roten Polyesterstoffs vom blauen gut erkennen. Während die Beschichtung des blauen Polyesterstoffs eine regelmäßige, glatte Oberfläche aufweist, die sich im mikroskopischen Bild durch viele Punkte darstellt (Bild Seite 52 oben), ist die Beschichtung des roten Stoffs aufgequollen und bildet eine Waffelmusterung (Bild Seite 52 unten).

Die Beschichtung des roten Stoffs ist demnach geschädigt. Dies stellt offensichtlich einen Materialmangel dar. Ob sich die hieraus ergebenden Ersatzansprüche gegenüber der Verkaufsstelle durchsetzen lassen, hängt auch davon ab, ob sich der Kauf belegen lässt und die zweijährige Gewährleistungszeit nicht überschritten worden ist.

Der Sachverständige empfiehlt

Trocknungsprogramme müssen entsprechend den Materialeigenschaften der zu behandelten Ware eingestellt werden. Insbesondere für die Bearbeitung von Oberbekleidung ist eine funktionierende Restfeuchtemessung erforderlich.

Des Weiteren darf die Ware nicht warm oder gar heiß im Trockner liegen lassen werden. Die Knitterschutzfunktion des Trockners nach Programmende muss, falls die Ware nicht entladen wird, bis zum vollständigen Abkühlen der Ware intakt sein und darf nicht vorzeitig abgebrochen werden.

Sind die Verfahrensbedingungen fest voreingestellt und somit reproduzierbar, erleichtert dies auch die Stellungnahme der Textilreinigung/Wäscherei im Fall einer Reklamation.

14. Pullover: Schädigung durch Brand

Schaden hat sich eingebrannt

Brandschäden gibt es gerade zur Weihnachtszeit vermehrt. Wenn Christbaum oder Adventskranz Feuer fangen, verraucht und verrußt oft die gesamte Wohnung – inklusive aller darin befindlichen Textilien. So erging es auch Familie Huber im folgenden Schadensfall.

Advents- und Weihnachtszeit – viele Menschen verbinden sie mit Besinnlichkeit bei Kerzenschein, Entspannen in gemütlicher Atmosphäre. So auch bei Familie Huber aus dem Schwarzwald. Traditionell wird der Adventskranz am Heiligen Abend mit auf den Tisch gestellt. Tannenreisig aus dem eigenen Garten wurde dazu bereits im November zu einem Kranz verarbeitet und die vier roten Kerzen mithilfe eines stabilen Drahtes aufgesteckt. Getrocknete Orangenscheiben, Zimtstangen und ein schönes Band – mehr braucht es nicht. So erfreuen sich alle in der Adventszeit am schönen Kranz im Wohnzimmer. Ist der Heilige Abend gekommen, wird der Kranz zur Seite gerückt, damit Plätzchen und Geschenke Platz finden. Als sich die Familie gerade in der Küche befindet, vernimmt sie ein merkwürdiges Geräusch aus dem Wohnzimmer. Der Kranz brennt lichterloh, Tischdecke und Gardinen ebenfalls; nur die Holzdecke hat noch kein Feuer gefangen. Jetzt muss es schnell gehen: Feuerwehr anrufen und erste Löschversuche unternehmen. Alle helfen zusammen und können schließlich Schlimmeres verhindern. Aber die gesamte Wohnung ist verraucht und verrußt; die Gemütlichkeit weggeblasen.

Wie war es dazu gekommen? Die Kerze des ersten Advents war so weit abgebrannt, dass die Flamme den oberen Teil des Drahtes erreicht und diesen zum Glühen gebracht hatte. Die Hitze wurde durch den Draht ins Tannenreisig geleitet. Dieses, durch die lange Zeit im Wohnzimmer völlig ausgetrocknet, fing Feuer. Die sich in der Nähe befindlichen Gardinen waren im Nu ebenfalls ein Opfer der Flammen.

Glück im Unglück: Familie Huber hatte eine Hausratversicherung abgeschlossen. Der Schaden konnte so ohne größere finanzielle Belastung geregelt werden. Fast alle Textilien konnten von Rauchgeruch und Rußablagerungen befreit werden.

Einige Textilreinigungen haben sich auf die Bearbeitung dieser Ware spezialisiert. Brandlöcher können auch die besten Profis selbstverständlich nicht wegreinigen. Aber eine Beseitigung von Geruch und Ruß kann mit einer differenzierten Verfahrenstechnik in vielen Fällen erreicht werden.

Bei der Auftragsannahme kann nicht mit letzter Gewissheit vorhergesagt werden, ob sich die Auflagerungen vollständig entfernen lassen. Neben dem Fasermaterial der Textilien spielt auch die Zusammensetzung des Rauches und Rußes eine entscheidende Rolle. Verbrannte reichlich

Plastik, sind viele Ablagerungen kaum mehr zu entfernen. Handelt es sich um einen Brand, bei dem auch viel Holz oder anderes Naturmaterial verbrannt ist, sind die Chancen besser.

Eine Einschränkung bei der Beseitigung von Brandschäden stellen thermische Schädigungen dar, die in der Regel unumkehrbar sind. Verkohlte oder versengte Stellen lassen sich meist nicht mehr entfernen. Besonderes Augenmerk ist auch auf Löschwasserschäden zu richten. Bis sich die Versicherung um die Schadensregulierung kümmern kann, vergehen oft Tage. Wird das Wasser in dieser Zeit nicht beseitigt, entstehen Folgeschäden, die das ursprüngliche Schadensmaß bei Weitem übersteigen. Bei Textilien kann es insbesondere zu Schimmelschäden kommen, die befallenen Teile können dadurch unbrauchbar werden.

Im zusammengelegten Zustand sind die Verfärbungen nur am Rand zu erkennen.

Schadensbild

Im März des darauffolgenden Jahres nach einer Wohnungssanierung im Gesamtumfang von mehr als 60.000 Euro waren beim Abschlussgespräch mit dem Schadensregulierer die Emotionen der Familie Huber zumindest teilweise abgekühlt. Immerhin ging es noch um einen Pullover im Wert von 70 Euro, der von der Reinigung nicht sauber zurückkam. Zudem hatte sich bei drei teuren Lederjacken (Preis pro Jacke 500 Euro) die Farbe verändert. Die Jacken seien mit den nun vorhandenen Farbtönen wertlos. Aufgrund der hohen Schadensersatzforderung des Kunden wurde ein Gutachter um Rat gefragt.

Die Reklamation betreffend des Pullovers konnte schnell geklärt werden. Wie auf dem Bild (siehe nächste Seite) gut zu erkennen ist, lag der Pullover während des Brandes wohl zusammengelegt auf einem Stapel - vielleicht von Geschenken. Betrachtet man den Pullover in zusammengelegtem Zustand, so lassen sich nur an den Randstellen die Verfärbungen erkennen.

Schadensursache

Die Ursache dieser Verfärbungen ist eine thermische Schädigung, die während des Brandes eingetreten und irreparabel ist. Der Versicherer übernahm auch diesen Schaden, sodass die Reinigung hier nicht den geforderten Ersatz leisten musste. Im Falle der Lederjacken konnte der Gutachter keine Anhaltspunkte einer Fehlbehandlung feststellen. Daraufhin lehnte der Schadensregulierer die Schadensersatzforderung des Kunden ab.

Ursache der Verfärbung ist die thermische Schädigung durch den Brand.

Die unausgesprochene Motivation des Kunden lag vermutlich nicht in einer Verbesserung des Aussehens der Lederjacken, sondern zielte auf einen Geldbetrag. Gelingt die Reinigung der Textilien und Lederwaren sehr gut, ist der Kunde nicht immer zufrieden. Oft sähe er es lieber, wären mehr Teile nicht wiederherstellbar. Dann könnte er bei der Hausratversicherung den Neupreis für die betreffenden Teile geltend machen.

Das Weihnachtsfest hat sich bei Familie Huber eingebrannt. Toll, dass die Versicherung alles bezahlt hat. Aber es war auch viel Arbeit und Zeit vonnöten, bis alles wieder an seinem Platz war.

Der Sachverständige empfiehlt

Textilien, die nach einem Brandschaden nicht komplett wiederhergestellt werden können, sollten bei der Endkontrolle aussortiert und dem Kunden separat überreicht werden. Damit kann dieser bei seiner Hausratversicherung wegen Ersatzleistung nachfragen. Von der Reinigung zunächst unentdeckt, bieten sie vielleicht andernfalls willkommenen Anlass, eine Reklamation aufzubauschen und somit die vom Schadensereignis strapazierte Kasse aufzubessern.

15. Rock: Schimmelbildung

Kulturen auf der Kleidung

Familie Bauer hat eine neue Doppelhaushälfte bezogen. Mit dem Bau der direkt angrenzenden zweiten Hälfte des Hauses wurde bisher noch nicht begonnen. Doch die freistehende Fassade ist nicht als Außenwand konzipiert. Bald richten Witterungseinflüsse Schaden an: Die Bekleidung der Familie ist von Schimmel befallen. Kann der Textilreiniger helfen?

In dieser Ausgabe stellen wir Ihnen nicht wie üblich einen Schadenfall vor, der nach der Behandlung im Textilpflegebetrieb sichtbar wurde. In diesem Fall soll geklärt werden, ob der Textilreiniger einen vorhandenen Schaden beheben kann.

Familie Bauer hat ihr neues Eigenheim bezogen, eine Doppelhaushälfte. Im Moment steht diese noch frei, denn die neuen Nachbarn haben mit dem Bau ihrer direkt angrenzenden Haushälfte noch nicht begonnen.

Die Wand zum zukünftigen Nachbar jedoch ist nicht als Außenwand konzipiert, da ja hier noch die zweite Hälfte des Doppelhauses angebaut werden soll. Ein Schutz gegen Witterungseinflüsse, wie etwa starken Regen, ist für diese Fassade deshalb noch nicht vorgesehen.

Bereits im August geht Familie Bauer auf den Bauträger zu und verlangt eine Isolierung der Wand, damit im Falle von Regen und Schnee keine Schäden entstehen können. Es geschieht jedoch nichts.

Anfang November, die ersten regnerischen Herbsttage sind bereits vorüber, riecht es komisch, immer wenn Frau Bauer sich etwas Frisches zum Anziehen holt. Sie geht dem Geruch nach und entdeckt, dass sich einige Stücke im begehbaren Kleiderschrank sonderbar feucht anfühlen. Sie schaut Ihre Sachen durch und stellt entsetzt Schimmel auf der Bekleidung und eine feuchte Wand fest.

Nun möchte sich Familie Bauer nicht weiter hinhalten lassen und schaltet einen Anwalt ein. Man beauftragt einen Sachverständigen aus dem Bereich Textilreinigung. Dieser soll nun klären, ob die Textilien wieder herstellbar oder ob sie als Totalschaden anzusehen sind. Außerdem soll sich der Sachverständige im Rahmen einer Ortsbegehung ein Bild von der Schadensursache machen.

Der Schaden wird aufgenommen. Die Probereinigung einiger Teile brachte einen außerordentlich guten Erfolg, und auch die übrigen verschimmelten Teile konnten durch Reinigen in Ordnung gebracht werden.

Schimmel lässt sich durch Wäsche oder eine Reinigungsbehandlung entfernen, solange die Beaufschlagung nur oberflächig ist, wie es hier der Fall war. Aufgrund der Feinheit des Lösungsmittelfilters konnten bei dem angewendeten Verfahren selbst Schimmelsporen herausgefiltert werden.

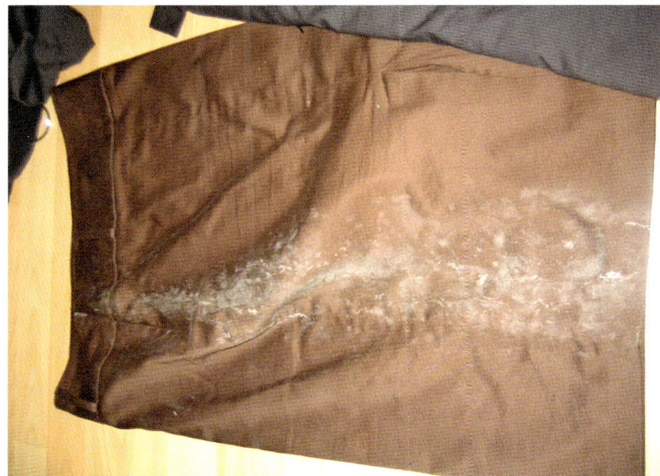

Der Schimmelbefall ist deutlich zu erkennen.

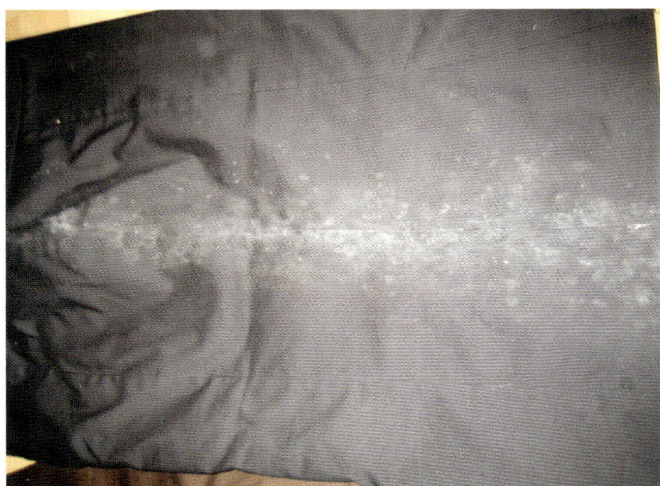

Betroffen sind mehrere Bekleidungsstücke.

Schadensursache

Durch die Wand zum zukünftigen Nachbarhaus ist augenscheinlich Wasser bis auf die Innenwand gedrungen. Die Wand ist stellenweise immer noch fühlbar nass. Aufgrund beruflicher Beanspruchung der Bewohner konnte der Schaden einige Zeit unbemerkt bleiben. Die Bekleidung im begehbaren Kleiderschrank hat die Feuchtigkeit kapillarartig aufgesaugt. Durch die Feuchtigkeit hat sich an der Wand und auf den Textilien Schimmel gebildet.

Schadensregulierung

Der Bauträger kommt für den entstandenen Schaden und die Nebenkosten - also auch die Reinigung der Textilien - auf.

Der Sachverständige empfiehlt

Schimmel lässt sich durch Wäsche oder eine Reinigungsbehandlung entfernen, solange die Beaufschlagung nur oberflächig ist. Feinstporige Anschwemmfilter helfen, selbst Sporen von den Textilien zu entfernen. Sind tiefergehende Schimmelpilze vorhanden, muss das Teil aufgegeben werden. Der durch die Garne und Fäden gewachsene Schimmelpilz lässt sich dann nicht mehr vollständig entfernen, ohne dass die Substanz der Faser angegriffen wird.

16. Seidenkrawatte: Gewebeverschiebungen

„Der Fleck muss weg!“

Ein Kunde bringt eine Seidenkrawatte in die Reinigung. Der dunkle Fleck auf der Krawatte entpuppt sich bei näherer Untersuchung jedoch nicht als Verunreinigung, sondern als Gewebeverschiebung. Was kann der Reiniger hier tun?

Fast jeder kennt die Situation: Frühmorgens zieht man sich schick an, da ein besonderes Ereignis bevorsteht. Bevor man aus dem Hause geht, schnell noch etwas essen, denn Eile ist geboten. Trotz größter Vorsicht nimmt das „Verhängnis“ seinen Lauf: Müsli mit Milch tropft auf die schöne Seidenkrawatte. Schnell mit dem Fingernagel weggekratzt und mit leicht feuchtem Tuch abgewischt. Das Ungemach ist nicht mehr sichtbar, und man kann dem Ereignis zwar nicht mehr perfekt gekleidet, aber in akzeptablem Zustand entgegensehen. Nachdem die Krawatte getrocknet ist, bleibt jedoch, zu allem Ärger, ein dunkler Fleck zurück. Also doch in die Reinigung mit dem guten Stück.

Die Krawatte vor der Reinigung: Ein dunkler Fleck hat sich in der Mitte des Bekleidungsstücks gebildet.

Bei der Warenannahme in der Reinigung wird die Herkunft des Flecks schriftlich festgehalten. Milch- und Haferflocken bedeuten Eiweiß, Fett und Stärke. Gute Chancen für eine erfolgreiche Fleckentfernung mit Eiweißlöser. Bei genauerem Hinsehen stellt der Textilreiniger jedoch fest, dass die Krawatte eine starke Gewebeverschiebung aufweist, die aus 20 bis 30 cm Entfernung als dunkler Fleck erscheint. Der Reflex des Kunden, mit dem Fingernagel die Haferflocken wegzukratzen, hat diese Gewebeverschiebung verursacht.

Die Gefahr einer Gewebeverschiebung besteht besonders bei Geweben mit wenigen Bindungspunkten (beispielsweise Atlasgewebe) und bei Geweben, die aus sehr glatten Garnen gewebt wurden. Seidenkrawatten werden vielfach aus glatten Garnen, die sich durch mechanische Einwirkung leicht verschieben lassen, hergestellt.

Der Textilreiniger steht nun vor dem Problem, dass sich eine Gewebeverschiebung nicht einfach „wegdetachieren" lässt, und sucht fachlichen Rat beim Gutachter. Ist eine Gewebeverschiebung erfolgt, so die Überlegung, müsste sich das Gewebe auch wieder in den Ursprungszustand „zurückschieben" lassen. Folgende Vorgehensweise wurde in diesem Fall angewandt:

Nach der Behandlung durch den Textilreiniger: Von der dunklen Stelle ist nichts mehr zu sehen.

Unter einer Lupe wurde ermittelt, in welche Richtung die Gewebeverschiebung erfolgt ist. Anschließend wurden, von den Rändern der Schadstelle aus, die betroffenen Schuss- oder Kettfäden mit einer feinen Nadel wieder parallel zu dem vorhandenen Flächengebilde ausgerichtet.

In dem vorliegenden Fall musste dieser Prozess auch von der Rückseite des Gewebes durchgeführt werden, um die Schädigung vollständig zu beheben.

- Bei Seide ist zusätzlich besonders darauf zu achten, die empfindlichen, dünnen Fäden nicht zu verletzen.
- Nach der anschließend durchgeführten Grundreinigung waren noch Reste der Gewebeunregelmäßigkeit zu erkennen. Durch Wärmeeinwirkung mittels Dämpfen und Bügeln konnte das Gewebe vollständig egalisiert werden.

Nach dieser aufwendigen Behandlung war der Fleck nicht mehr zu erkennen. Eine Detachur an dem insgesamt instabilen Gewebe war nicht nötig.

Der Kunde konnte bei Abholung kaum glauben, dass er für die perfekte Reinigung seiner Krawatte nur 4,60 Euro bezahlen musste. Er hatte etwa mit dem fünffachen Preis gerechnet, was in Anbetracht des Aufwandes der Reinigung durchaus vertretbar gewesen wäre.

Auch bei anderen Artikeln können durch Gebrauch oder Bearbeitungsfehler Gewebeverschiebungen entstehen. So können bei empfindlichen Gardinen Verschiebungen etwa schon allein dadurch entstehen, dass „Vorhanggleiter" vor der Bearbeitung nicht entfernt werden. In vielen Fällen ist es jedoch möglich, die Gewebeverschiebungen wieder zu beheben, um dadurch das Textil für den Gebrauch zu retten – eine handwerkliche Fleißarbeit, die viel Geduld und Ausdauer erfordert.

Schadensursache

Die Gewebeverschiebung war eindeutig auf die unsachgemäße Behandlung des Besitzers zurückzuführen. Sie wurde durch zu starkes Reiben und Kratzen auf der Krawatte verursacht.

Schadensregulierung

Durch die fachmännische Behandlung des Textilreinigers konnte die Gewebeverschiebung manuell und zur vollsten Zufriedenheit des Kunden beseitigt werden.

Der Sachverständige empfiehlt

Gewebeverschiebungen können durch Gebrauch, aber auch durch Bearbeitungsfehler verursacht werden. Es empfiehlt sich, das Textil in diesen Fällen nicht vorschnell aufzugeben. Mit Geschick, Mühe und Übung lässt sich eine Gewebeverschiebung meist beheben.

INFORMATION | SPITZENKRAGEN UND KRAWATTE

„Die Krawatte macht den Mann"

Der große Spitzenkragen, der bereits zur Renaissancezeit in Spanien verbreitet war, entwickelte sich zunächst zur steifen, gestärkten, voluminösen Halskrause. Während des Dreißigjährigen Krieges wurde er mehr und mehr zur flachen Krause. Im weiteren Verlauf der Geschichte „schmolz" diese Krause auf zwei, in Falten gelegte Streifen ähnlich dem Beffchen, das die protestantischen Geistlichen noch heute tragen, zusammen. Die vorderen Enden dieses Kragens wurden nach und nach immer länger, bis aus dem Kragen ein Halstuch und aus diesem schließlich die Krawatte unserer Tage wurde.

Der Name „Krawatte" geht bis ins 17. Jahrhundert zurück und soll auf ein in französischen Diensten stehendes, kroatisches Regiment zurückgehen, deren Halstücher von der Mode übernommen wurden.

Die Krawatte, die zum englischen Anzug gehörte und im 19. Jahrhundert zusammen mit der Weste zum Inbegriff der Eleganz werden sollte, wurde zwei- bis dreimal um den Hals geschlungen und unter dem Kinn geknotet. Das Bonmot des französischen Schriftstellers Balzac: „La cravatte, c'est l'homme" (in etwa: „Die Krawatte macht den Mann“) könnte der Wahlspruch der Herrenmode der ersten Hälfte des 19. Jahrhunderts sein. Die ursprünglich einzig als elegant geltende weiße Krawatte wurde nur noch am Abend getragen. Schwarz-rot-gold oder blutrot waren die Krawatten der Kämpfer von 1848, die für ein einiges, demokratisches Deutschland kämpften.

Die Mode verlangte bereits „unbedingte Sauberkeit des Halstuches und der Wäsche“. Diese heute (mehr oder weniger) selbstverständliche Forderung war im 18. Jahrhundert so ungewöhnlich, dass sie wie eine neue Mode einschlug und zu einem wahren „Wäschekult“ führen sollte.

Heutzutage gibt es eine unübersehbare Vielfalt an Krawatten, meist aus Seidenstoffen, die Fliege (in Verbindung mit einem Smoking meist in Weiß) und, eher weniger verbreitet, das Plastron, ein breites, nicht gebundenes, sondern sorgfältig gelegtes und mit einer Nadel gehaltenes Tuch. Seit einigen Jahren wird es von Männern gerne zum Hochzeitsanzug getragen und gelangt in die Textilreinigungen.

17. Seiden-Schurwoll-Tuch: Keine verfilzten Fransen

Quadratisch, praktisch, gut?

Wer etwas auf sich hält, hat etwas von Louis Vuitton in seinem K eiderschrank, beispielsweise ein Tuch aus Seide und Schurwolle mit offenen Fransenkanten. Nach dem Reinigungsprozess wurde eine Verfilzung der Fransen reklamiert.

Der Chef des französischen LVMH-Luxusmarkenkonzerns, Bernard Arnault, warnte vor gut einem Jahr, dass die Marke *Louis Vuitton* zu *„alltäglich"* werde. Überall Louis-Vuitton-Geschäfte, überall das bekannte LV-Monogramm, das führe zu einer gewissen Übersättigung des Marktes. *„Louis Vuitton ist ein bisschen das Opfer seines eigenen Erfolges geworden, doch das Unternehmen steuert dagegen"*, wird der Analyst Luca Scola von Exane BNP Paribas in einem Artikel der *FAZ* vom 5. Mai 2014 zitiert. Insbesondere nannte man die Handtasche *Capucines* zum Einstiegspreis von etwa 3.800 Euro und die Tasche *Lockit* aus der diesjährigen Frühjahrssaison zum Preis von etwa 2.900 Euro als Beispiele für den Versuch, die Exklusivität nicht zu verlieren. Als einer der weltgrößten Handtaschenhersteller eröffnete Louis Vuitton im Mai 2014 sein neues Ladengeschäft in Frankfurt am Main, das nun die doppelte Verkaufsfläche im Vergleich zum Vorgängergeschäft in eben dieser Straße aufweist. Auch in Stuttgart ist Louis Vuitton mit einer eigenen Ladenfläche vertreten. Neben Handtaschen werden auch eigene Accessoires, Bekleidung und Schuhe verkauft. Man bemüht sich, hochwertigere Waren wieder mehr in den Vordergrund zu rücken.

Tücher aus Seide und Schurwolle: Beim dunkelbraunen Tuch sehen die Fransen nach der Reinigung verfilzt aus.

Dort wurde auch ein Tuch zum Preis von 800 Euro verkauft, das irgendwann in die Reinigung gegeben wurde. Das dunkelbraune Textil in der Größe von 100 × 100 cm besteht zu 60 Prozent aus Seide und zu 40 Prozent aus Schurwolle. Die Pflegekennzeichnung empfiehlt schonende Reinigung und Bügeln mit maximal 110 °C. Die Kettfäden bestehen aus Seide, bei den Schussfäden handelt es sich um Schurwolle. An allen vier Seiten enden die Fäden als Fransenband.

In das Tuch eingewobener Schriftzug mit dem ausgeschriebenen Markennamen, der in der angenommenen Schussrichtung zu lesen ist.

Schadensbild

Bei dem Tuch wurden nach dem Reinigungsprozess Verfilzungen an den Fransenbändern reklamiert. Bei genauem Hinsehen stellt ein Sachverständiger fest, dass nur die etwas raueren und weniger glänzenden zwei Fransenseiten betroffen sind. Die Zuordnung von Kett- und Schussseite ergibt sich aus dem eingewobenen Schriftzug mit dem ausgeschriebenen Markennamen, der in der angenommenen Schussrichtung zu lesen ist.

Aufgrund der Feinheit des Materials und der Verschiedenheit des Glanzes kann man bereits durch Augenschein feststellen, dass es sich bei den „verfilzten" Fransenseiten um die Schurwollfäden (Kettfäden) handelt; die feinere, glänzendere Seide weist diese Schädigung nicht auf. Bei Betrachtung der Fransen unter 20-facher Vergrößerung zeigt sich, dass es sich nicht um eine Verfilzung handelt, sondern nur um ein Ineinanderdrehen der feinen Wollhaare. Diese sind dabei teilweise sehr eng miteinander verbunden, sodass es auf den ersten Blick einer Verfilzung ähnlich sieht.

Betrachtet man ausschließlich das reklamierte Tuch, kann man zwar die beschriebenen Mängel erkennen, sich aber kein eigenes Bild vom dem Textil im Neuzustand oder unbeschädigten Zustand machen. Vielleicht war das Tuch bereits beim Kauf in diesem Zustand und gefällt der Kundin einfach nicht mehr? In diesem Fall konnte aus dem Reinigungsbetrieb des Sachverständigen zum Vergleich ein noch unbearbeitetes, gleiches Tuch in der Farbe Beige herangezogen werden. Dies weist die starken Verdrehungen nicht auf. Auch nach dem durchgeführten Reinigungsprozess sind keine vergleichbaren Effekte vorhanden.

Schadensursache

Als Ursache der verdrehten Haare kommt demzufolge in erster Linie eine nicht ausreichend schonende Behandlung während der Grundreinigung in Betracht. Durch Nacharbeiten mit etwas Feuchtigkeit und wenig Haarpflegemittel lassen sich die Fransen vorsichtig auskämmen. Hierzu kommen unterschiedlich feine Kämme zum Einsatz. Den Abstand der Kammzähne wählt man zunächst größer und dann immer feiner, bis man die gewünschte Vereinzelung der Garne erzielt hat. Durch Dämpfen und Bügeln können diese dann wieder „schön“ ausgerichtet werden. Wäre jedoch tatsächlich eine Verfilzung eingetreten, könnte dies nicht mehr rückgängig gemacht werden.

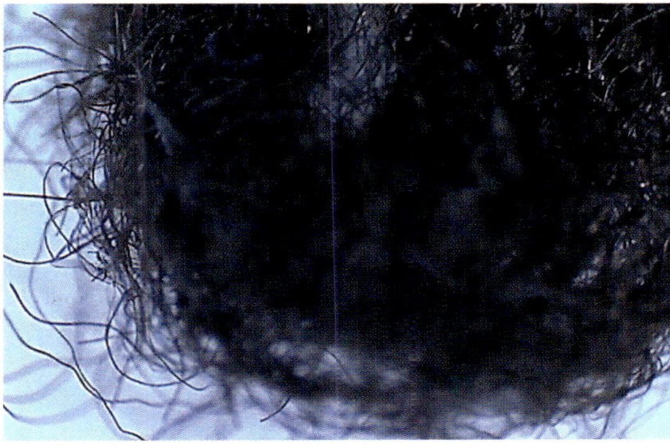

Verdrehte Wollhaare unter dem Auflichtmikroskop (20-fache Vergrößerung).

Die weltweit rund 500 Geschäfte unter Eigenregie von Louis Vuitton, der wichtigsten Marke des LVMH-Konzerns, erwirtschaften rund 1,7 Milliarden Euro Nettojahresgewinn. Eine Ertragskraft, von der man während der „Nachbesserungstätigkeit“ ausreichend Zeit hat zu träumen.

Der Sachverständige empfiehlt

Eine der größten Herausforderungen bei der Sortierung der in der Textilreinigung eingegangenen Ware ist es, die besonderen, sehr hochpreisigen Textilien zu erkennen und die dafür richtige Bearbeitung zu wählen.

Textilien mit feinen Fransen können besonders schonend in einem Kissenbezug bearbeitet werden. Kenntnisse über die Marken und deren „Philosophie“ schulen den Blick und das Interesse an dieser Ware. Diese Kenntnisse können beispielsweise Modemagazinen entnommen werden. Auch ein Einkaufsbummel durch Geschäfte mit hochpreisiger Ware kann das Gespür für diese Ware fördern.

18. Seidentuch: Beschädigt durch Bügelarbeit

Ein Traum in Seide – zerstört

Der flach gebügelte Rand und Verzüge in der ursprünglich rechtwinkligen, quadratischen Form nach der Reinigung eines hochwertigen Seidentuches waren ein Grund zur Reklamation. Doch wie beurteilt der Gutachter den entstandenen Schaden an diesem wertvollen Stück?

Im vorliegenden Schadensfall wurde ein Seidentuch der Marke *Hermes Paris* reklamiert. Hermes ist eine Luxusmarke, und die Seidentücher in der Größe 90 x 90 cm, auch Carres genannt, sind als Klassiker bekannt. Natürlich gibt es ähnliche Tücher auch von anderen Marken. Das Besondere an diesen hochwertigen Tüchern ist die Qualität der Seide, die Gestaltung der Tücher durch die jeweiligen Künstler, der perfekte Druck und der handrollierte Saum.

Gesamtansicht des reklamierten Hermes-Tuches.

Aufgrund der fast 70-jährigen Geschichte der Hermes-Tücher, die 1937 zum ersten Mal auf den Markt gebracht wurden, haben die Tücher einen besonderen Status. Nachempfunden wurden sie den Schals der Soldaten aus der napoleonischen Zeit. Die englische Königin Elisabeth II. trägt ebenso einen Hermes-Schal wie auch Madonna. Bereits 1956 benützte Grace Kelly ein *Carre* als Schlinge für ihren gebrochenen Arm. Auch heute noch sind die Tücher ein „must have" in bestimmten Kreisen.

Die Erfolgsgeschichte des Seidentuches hat im Jahre 1837, als Thierry Hermes aus Krefeld sich in Paris als Sattlermeister niederließ, noch niemand vorhergesehen. Aber die Familientradition setzt sich bis in unsere heutige Zeit fort, und die Mehrheit der Firmenanteile befindet sich auch heute noch fest in der Hand der Familie. Natürlich gibt es auch Seidentücher anderer Hersteller, für die die nachfolgenden Ausführungen zum „handrollierten" Rand ebenfalls gelten.

An einer Seite ist die Ecke stark überbügelt und geht dann in den weniger stark überbügelten Rand über.

Im vorliegenden Fall reklamierte die Kundin an ihrem zur Reinigung abgegebenen Seidentuch einen flach gebügelten Rand und Verzüge in der ursprünglich rechtwinkligen, quadratischen Form des Tuches. Der Textilreiniger konnte jedoch keine Schädigung erkennen, und so gelangte das Tuch zum Gutachter.

Der Gutachter sollte nun Stellung nehmen, ob eine Fehlbehandlung durch die Textilreinigung erfolgt sei. Darüber hinaus sollte der Zeitwert beziehungsweise die Wertminderung ermittelt werden. Welchen Wert hatte das Tuch vor der Reinigungsbehandlung im Vergleich zum Wert im Zustand nach der Bearbeitung durch den Textilreinigungsbetrieb?

Schadensursache

Das Bügeln wird in Textilreinigungen in aller Regel sehr engagiert und professionell durchgeführt. Aus Unwissenheit werden die *„unordentlichen"* Ränder der Seidentücher allerdings manchmal so gebügelt, *„wie es sich gehört"*, nämlich flach. Aber genau dieses Vorgehen kann eine Reklamation auslösen, wie es auch der vorliegende Fall zeigte.

Die überbügelten Ränder und die Verzüge im Seidentuch sind unterschiedlich stark ausgeprägt, doch deutlich zu erkennen. Augenscheinlich war also das Bügeln bzw. Dämpfen die Ursache dieser Schädigung. Aber liegt hier überhaupt eine Schädigung vor? Das Tuch wird doch sowieso zusammengefaltet oder gewickelt getragen, und die Ränder sind dann weder für die Trägerin noch für andere Personen in ihrem veränderten Zustand sichtbar.

Der Gutachter kam zum Schluss, dass tatsächlich eine Schädigung vorliegt. Seidentücher, die als Dekoration um den Hals oder die Schulter gelegt werden, könnte man auch mit Krawatten vergleichen. Für sie müssen besondere Anforderungen im Hinblick auf perfektes Aussehen geltend gemacht werden. Sie gelten als besondere Zierde, und selbst kleinere Flecken und Mängel wiegen bei diesen Artikeln sehr viel stärker als beim Rest der Garderobe.

Die Seidentücher von Hermes oder anderen Herstellern haben als ein Qualitätsmerkmal handrollierte Ränder. Das bedeutet, dass die Kanten nicht umgeschlagen und versäumt werden, sondern von Hand leicht auf die Vorderseite eingerollt und diese kleinen Röllchen dann angenäht werden. Diese Konfektionierung bedeutet einen ungleich höheren Arbeitsaufwand. Der damit verbundene optische und haptische Effekt geht beim Überbügeln des Randes jedoch verloren.

Eine weitere, häufige Ursache für eine Schädigung von Seidentüchern in Reinigungen ist das Kennzeichnen mit Reinigungsetiketten. Feine Nadeln oder Heftfädchen, wenn sie vorsichtig durch die Zwischenräume des Seidengewebes geführt werden, verursachen auch Löcher, die aber durch Dämpfen und Überarbeiten meist wieder entfernbar sind. Das lässt sich von einer unsachgemäßen Etikettierung nicht sagen. Sie durchtrennt einzelne Fäden im Seidengewebe und führt zu kleinen, irreparablen Löchern, die zu Recht reklamiert werden könnten. Deshalb sollte auch darauf geachtet werden, dass die Seide möglichst nicht durch Nadelstiche oder Metallklammern beschädigt wird. Die Kennzeichnung am Pflegeetikett oder an einem Netz, in dem das Tuch gereinigt wird, sollte genügen.

Zur Zeitwertermittlung wird versucht, den Wert des Tuches vor der Abgabe bei der Reinigung zu ermitteln. Eine Angabe über den Anschaffungszeitpunkt und den damaligen Preis lag dem Gutachter nicht vor. Eine Internetrecherche ergab daraufhin, dass der Neupreis von Hermes-Tücher in etwa zwischen 220 und 250 Euro liegt. Ausschlaggebend für den Wert des geschädigten Tuches war jedoch seine großflächige Gebrauchsverschmutzung, die nicht mehr entfernbar ist.

Da es sich um ein exklusives Tuch handelt, muss durch die großflächige Anschmutzung, die bereits zum Zeitpunkt der Reinigung vorlag, davon ausgegangen werden, dass durch die Reinigungsbehandlung keine in Geld messbare weitergehende Schädigung eingetreten ist. Wenn das Tuch mit Gebrauchsflecken noch getragen werden kann, spielen Rand und leichte Verzüge eine untergeordnete Rolle.

Schadensregulierung

Interessant in diesem Zusammenhang ist auch die Warnung an potenzielle Reinigungskunden im Internet. Selbst ernannte Ratgeber empfehlen die Seidentücher selbst mit bestimmten Mitteln zu waschen. Zahlreiche schlechte Erfahrungen bei unterschiedlichen Reinigungen werden als Begründung für diese alternative Vorgehensweise angegeben.

Derartige Aussagen sollte man zwar nicht überbewerten, es scheint jedoch eine gewisse Nachfrage, derartige Textilien professionell pflegen zu lassen, vorhanden zu sein. Manche Kundin sagt sich: *„Wer mein Carre gut reinigen kann, zu dem bringe ich auch meine restliche Garderobe."*

Der Sachverständige empfiehlt

Dekorative höherwertige Tücher benötigen, obwohl nur etwa 65 g schwer wie die klassischen Carres von Hermes, besondere Aufmerksamkeit. Seide nicht mit Klammern oder Heftfädchen beschädigen. Reinigen im Netz und die Ränder nicht überbügeln – dann kann eigentlich nichts passieren.

19. Strickjacke: Verfilzungen nach Nassbehandlung

Verfilzt bis auf den Kragen

Eine nur leicht verschmutzte Designerstrickjacke wird aufgrund einer nassgebundenen Verfleckung einer Nassbehandlung unterzogen. Danach ist die Jacke fast vollständig verfilzt. Lediglich der Kragen ist unversehrt geblieben.

Ein ganz besonderes Stück hat die Kundin einer Textilreinigung erstanden. Eine Strickjacke, tailliert, mit vielen Verzierungen und schön kontrastierenden, geflochtenen Knöpfen aus echtem Leder. Das Ganze ist in Naturweiß gehalten. Ein Designerteil des norwegischen Labels *Ti-Mo*, der Designerin Tine Mollatt. Nur zweimal getragen, kommt die Jacke mit geringer Verschmutzung in die Reinigung. *„Die können das besser als ich"*, denkt die Reinigungskundin. *„Bei dieser Jacke gehe ich das Risiko einer Handwäsche lieber nicht ein."*

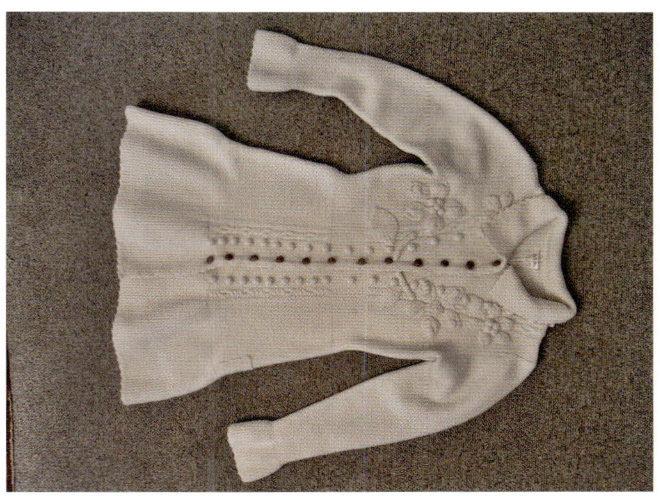

Ein besonderes Stück: die edle Designerstrickjacke.

Im Reinigungsbetrieb wird die Strickjacke aufgrund einer wassergebundenen Verfleckung einer Nassbehandlung unterzogen. Leider kommt die Jacke reichlich verfilzt aus der Waschmaschine. Die Inhaberin der Reinigung, die nicht selbst die Maschinen bedient, fragt sich nun, ob das Waschverfahren entsprechend der Pflegekennzeichnung (30°C Schonwäsche) vorgenommen worden ist oder ob ein Bearbeitungsfehler vorliegt. Um einen Vergleichstest durchführen zu können, wäre es hilfreich, eine weitere Strickjacke des gleichen Modells zur Verfügung zu haben. Leider besteht diese Möglichkeit nicht. Bei exakter Durchmusterung des Designerstückes zeigen sich alle Partien des Strickstoffes verfilzt, lediglich der Kragen ist nicht beeinträchtigt.

Schadensursache

Der Kragen ist augenscheinlich aus dem gleichen Material wie die übrige Jacke gearbeitet. Das legt die Vermutung nahe, dass die Jacke aus zwei unterschiedlichen Garnchargen derselben Farbe gearbeitet wurde. Hierbei ist der Strickstoff des Kragens filzfrei ausgerüstet und somit entsprechend der Pflegekennzeichnung waschbar. Das andere Material, aus dem die restliche Jacke gefertigt wurde, ist eben nicht filzfrei ausgerüstet und deshalb bei der entsprechend der Pflegekennzeichnung durchgeführten Waschbehandlung verfilzt.

Links der unbeschädigte Kragen, rechts ein Stück des verfilzten Teils der Jacke.

In der Textilindustrie gibt es verschiedene Verfahren, um Wollstoffe filzfrei auszurüsten. Beispielsweise werden mit dem *Hercosett-Verfahren* die Schuppen der Wolle teilweise abgelöst, um deren Verhaken zu verhindern. Dies geschieht mithilfe von Chlor. Verschiedene Forschungsarbeiten beschäftigen sich mit Alternativverfahren, um auf den Einsatz von Chlor verzichten zu können. Unter anderem bieten enzymatische Behandlungen interessante Alternativen.

Der weitere Prozess der Filzfreiausrüstung besteht aus der Beschichtung der Wolle mit einem Polyamid-Epichlorhydrinharz, die einen waschbeständigen Film über der Faser bildet. Dieser verbindet sich zudem reaktiv mit den Aminogruppen des Wollkreatins.

Für eine milde Maschinenwäsche sind die so ausgerüsteten Stoffe durchaus geeignet, nicht jedoch für stärkere alkalische und mechanische Beanspruchungen von Bunt- und Kochwaschverfahren. Sind besondere Verarbeitungs- und Konfektionierungssrichtlinien eingehalten worden, können die ausgerüsteten Textilien sogar im Trockner getrocknet werden.

Schadensregulierung

Im hier vorliegenden Fall wurde das Material nicht filzfrei ausgerüstet. Daher handelt es sich um eine vom Hersteller fehlerhaft angebrachte Pflegekennzeichnung beziehungsweise um einen Produktionsfehler.

Der Sachverständige empfiehlt

Obwohl Wollartikel immer häufiger als waschbar gekennzeichnet werden, ist zu beachten, dass diese grundsätzlich keine Alkalität beim Waschprozess vertragen. Sie sollten daher stets im neutralen oder schwach sauren Bereich gewaschen werden.

20. „Textiles Ensemble“: Übermaß an freier Feuchtigkeit

Hose ging in die Hose

Als Teil eines „textilen Ensembles“ geht nur die Hose in die Reinigung, nicht aber der zugehörige Blazer. Die Hose ist danach zu eng. Als Übeltäter wurden nicht überschüssige Pfunde, sondern zu viel Wasser im Reinigungsprozess mit Per identifiziert.

Im Geschäftsalltag achten Frauen in entsprechenden Positionen auf alles an ihrem Outfit: Make-up, Frisur, Schuhe, Tasche, Schmuck, Uhr und diverse Bekleidungsstücke – alles entsprechend aufeinander abgestimmt. Bei der Bekleidung spricht man in diesem Zusammenhang von *„textilen Ensembles“*, also sich ergänzenden Textilien, die eine Gesamtwirkung erzeugen. Das Ensemble, von dem hier die Rede ist, besteht aus einer beigefarbenen Damenkombination eines italienischen Designers, einer bedruckten Bluse, in der sich auch die Farbe des Anzuges wiederfindet, einem Halstuch und einem Swingermantel, der ebenfalls auf die Sommerkombination abgestimmt ist. Dazu gibt es passende Schuhe und eine Handtasche.

Auf den ersten Blick kaum erkennbar: Hier handelt es sich nicht um einen Anzug, sondern um ein Ensemble passender Bekleidungsstücke.

Nachdem die Hose zu einigen Meetings getragen wurde, wirkte sie durch das lange Sitzen nicht mehr frisch und war faltig. Deshalb wurde sie zur Textilreinigung gebracht. Blazer und Halstuch wurden dagegen als *„noch frisch“* betrachtet.

Als die Kundin ihre Hose abgeholt hatte, stellte sie fest, dass diese zu klein geworden war und nicht mehr passte. Der Textilreiniger konnte optisch keinen Mangel erkennen. Die Hose zeigte weder gekräuselte Nähte noch andere offensichtliche Kennzeichen einer Fehlbehandlung. Auch der Vergleich mit dem von der Kundin als Muster vorgelegten, dazugehörigen Blazer ergab weder in der Farbe noch in der Struktur Unterschiede. Die Hose wurde in Perchlorethylen (Per) gereinigt.

Die Hose kam mit knittrigem Innenfutter und mit starker Maßänderung aus der Reinigungsmaschine.

Die Textilreinigung bemühte sich um eine Stellungnahme des Herstellers. Diese fiel eher dünn aus: *„Es konnte kein Produktfehler festgestellt werden, deshalb kann die Hose nicht ersetzt werden!“* Nicht einmal ein Abgleich mit den Produktionsmaßen der Hose wurde durchgeführt. Nachdem die Kundin nochmals beteuerte, nicht zugenommen zu haben, gelangte die Hose zum Gutachter.

Bei der Durchmusterung war das Einlaufen der Hose nicht offensichtlich. Deshalb wurde zum Vergleich der zugehörige Blazer angefordert. Dieser hat ebenfalls das Markenlabel *ETRO*, die Größenkennzeichnung *42* und folgende Materialkennzeichnung: Oberstoff: 98 Prozent Baumwolle, zwei Prozent Elastahn, Futterstoff: 95 Prozent Viskose, fünf Prozent Acetat. Die Übereinstimmung des Blazers mit Oberstoff und Futterstoff der Hose war augenscheinlich groß. An dem Blazer fand sich ein Reinigungsetikett. Laut Aussage der Kundin wurde der Blazer in einer anderen Reinigung gereinigt, ohne dass ein Wareneinsprung erfolgte.

Unter dem Auflicht-Mikroskop stellte der Gutachter an der Hose unter 20-facher Vergrößerung einen Wareneinsprung von fünf Prozent in Schussrichtung im Vergleich mit dem dazugehörenden Blazer fest. Da es keinen signifikanten Wareneinsprung in der Kettrichtung gab, sind auch die Nähte weitgehend glatt geblieben und die Länge der Hose unverändert.

Schadensursache

Der Vergleich der beiden Futterstoffe brachte den entscheidenden Hinweis auf die Fehlbehandlung. Aufgrund des Zustandes des stark knittrigen Viskose/Acetat-Futterstoffes der Hose – vornehmlich an den dem Bügeleisen schwer zugänglichen Stellen – kann auf einen zu hohen Anteil von „freiem Wasser“ in der Reinigungsmaschine während der Lösungsmittelbehandlung geschlossen werden.

Sogenanntes „freies Wasser“ wird durch die Zugabe von Reinigungsverstärker während des eigentlichen Reinigungsprozesses im Lösungsmittel gebunden. Ist jedoch beispielsweise zu viel Wasser bei der Reinigung mit Lösungsmittel durch Vordetachur oder feuchte Textilien eingebracht worden, kann der Reinigungsverstärker das Wasser nicht mehr ausreichend in der Flotte binden. Das Wasser kann nun unkontrolliert auf die Ware aufziehen. Dabei wird das *„freie Wasser“* in erster Linie von Zellulosefasern aufgenommen. Durch Faserquellung können sowohl Vergrauungen als auch Maßänderungen hervorgerufen werden. Die eingehende Untersuchung zeigte, dass beide Teile zwar aus den gleichen Stoffen hergestellt wurden, allerdings nicht als Anzug. Für einen Anzug sind die jeweils verwendetet Markenlabels in ihrer Ausgestaltung zu unterschiedlich. Darüber hinaus weicht die Knopffarbe der Hose von jener des Blazers leicht ab. Das deutet darauf hin, dass Knöpfe unterschiedlicher Chargen verwendet wurden. Ebenso sind die Knopflöcher mit farblich voneinander abweichenden Garnen umnäht.

Schadensregulierung

Die Kundin verlangte Ersatz für den kompletten Anzug. Dazu ist die Textilreinigung aber nicht verpflichtet. Das ergibt sich schon aus der Tatsache, dass die Kundin nur die Hose in Bearbeitung gegeben hat. Damit hat sie den „inneren Zusammenhang“ der Bekleidungsstücke aufgehoben. Hätte der Textilreiniger das gewusst, hätte er empfohlen, alle zusammengehörigen Teile zu bearbeiten, damit sich keine Farbunterschiede durch unterschiedliche Pflegebehandlungen ergeben. Hätte die Kundin den vermeintlichen „Anzug“ abgegeben, wäre auch in diesem Fall aus rechtlicher Sicht allenfalls die Hose zu ersetzen gewesen, da es sich nicht um einen Damenanzug, sondern um eine Kombination handelt. Bei Anzügen wird entsprechend der Zeitwerttabelle von einem Wertanteil Jacke zu Hose von ⅔ zu ⅓ des Kaufpreises ausgegangen. Wäre es tatsächlich ein Anzug gewesen, müsste bei der Restwertermittlung berücksichtigt werden, dass der Blazer gut erhalten ist und weiter Verwendung finden kann.

Der Sachverständige empfiehlt

Für ein schonendes Reinigungsverfahren ist der Wasseranteil im Lösungsmittelbad möglichst gering zu halten. Trotz aller Vorsicht gibt es Umstände, die zu Schäden führen. Das konnte in diesem Fall eigentlich nur durch einen Gutachter festgestellt werden.

21. Bettwäsche: Faltenbildung durch fehlerhafte Konfektionierung

Das Verhältnis von Stoff und Falten

Die hauswirtschaftliche Leitung eines Altenpflegeheimes beschwert sich mit den Worten: „Warum ist unsere Bettwäsche in letzter Zeit so faltig?“ In ihren Augen sei dies ein unbefriedigender Glättungseffekt. Dann legt sie auch noch nach: „Haben Sie neue Leute an der Mangel?“

Einem Betriebsleiter, der mit dieser Aussage konfrontiert wird, gehen zahlreiche Möglichkeiten durch den Kopf. Eine erste spontane Reaktion ist: „Warum beschwert sich die Kundin eigentlich, bei dem Preis, welchen sie zu zahlen bereit ist?“ Dann der nächste Gedanke: „Habe ich an den ‚Mangelteams‘ etwas verändert?“ Oder: „Die Mangel wurde doch vor zehn Tagen neu bewickelt, habe ich etwas übersehen?“ Und: „Der Anwendungstechniker des Waschmittellieferanten war kürzlich hier, vielleicht hat er wieder etwas verstellt?“

Viele Falten auf der Oberseite.

Mit diesen Fragen im Hinterkopf wird ein Stapel fertiger, zur Auslieferung bereitstehender Ware durchgesehen. Die Bettbezüge weisen tatsächlich etliche Knitterfalten auf.

Durch die „Dreirollermangel“, auf der die Bettwäsche bearbeitet wird, läuft gerade Mietbettwäsche, die in einwandfreiem Zustand aus der Faltmaschine kommt. Der anschließende Versuch, mit der reklamierten, kundeneigenen Bettwäsche führt erneut zur Faltenbildung. Die Wäsche macht aber insgesamt einen festen und stabilen Eindruck.

Also hoch auf die Mangel und genau beobachten. Die Falten treten bereits nach Durchlaufen der ersten Mulde auf. Somit scheidet ein Abstimmungsfehler zwischen den Mulden als Fehlerquelle aus. Ein solcher Fehler könnte zu einem Schieben der Wäsche von einer vorgelagerten, schnelleren Walze auf eine nachgelagerte Walze führen. Dies hätte zur Folge, dass auf der Wäsche ein sogenannter Plissiereffekt entsteht. Auch ein Übersäuern der Wäsche durch ein fehlerhaftes Waschverfahren kann zu Mangelproblemen führen. Aber auch diese Ursache konnte ausgeschlossen werden.

Bei genauerem Untersuchen der betroffenen Teile zeigte sich, dass die Falten überwiegend auf der Oberseite der Bettbezüge zu finden sind. Zieht man nun die Falten glatt, erkennt man, dass es sich um einen einseitigen Stoffüberschuss handelt. Das bedeutet, dass Ober- und Unterseite der Bettbezüge nicht glatt aufeinandergelegt werden können. Von Naht zu Naht gesehen ist eine Seite breiter als die andere. Der Stoffüberschuss beträgt etwa 1 cm. Aber warum konnte die Bettwäsche über ein Jahr zur Zufriedenheit des Kunden bearbeitet werden?

Schadensursache

Bisher wurden die Bettbezüge quer eingegeben. Dabei sammelte sich der Stoffüberschuss an der nachlaufenden Seitenkante an und bildete, nur schwach sichtbar, am Rand eine Z-Falte. Mit der Längseingabe konnte in der Wäscherei ein höherer Automatisierungsgrad erreicht werden. Allerdings verteilt sich der Stoffüberschuss nun „wild“ über den Bettbezug, was zur Faltenbildung und der vorliegenden Reklamation führte.

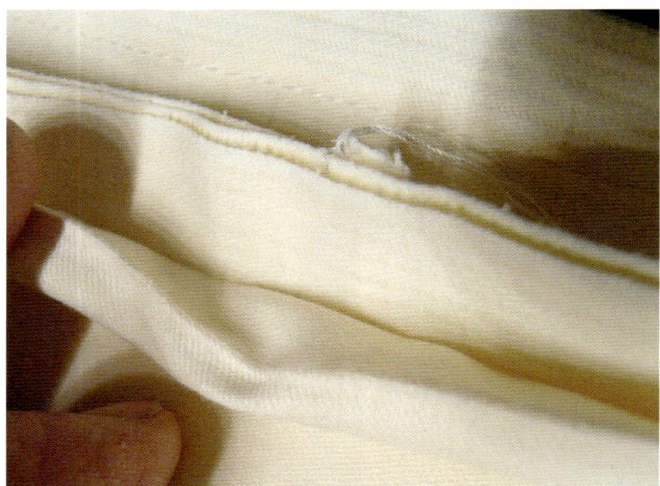

Bei Quereingabe bildet sich eine Z-Falte.

Schadensregulierung

Eine Umstellung des Altenheims auf Mietwäsche wäre sicherlich ideal. Der Kunde müsste sich in Zukunft weder mit der Beschaffung von Bettwäsche noch mit damit verbundenen Qualitätsprüfungen beschäftigen.

Eine weitere Möglichkeit besteht in der Erhebung eines Bearbeitungsaufschlags aufgrund des höheren Arbeits- und Organisationsaufwands, der durch Quereingabe der Bettwäsche entsteht.

Da die Bettwäsche in der Verarbeitung einen Mangel aufweist, könnte das Altenpflegeheim auch bei der Verkaufsstelle der Bettwäsche mit dem Ziel reklamieren, gewerblich pflegbare Wäsche als Ersatz zu bekommen.

Oder es steigt bei den Verantwortlichen des Altenpflegeheims aus Kostengründen die Akzeptanz gegenüber dem beschriebenen Erscheinungsbild der Bettwäsche, da die Wäscherei als Verursacher der Faltenbildung ausscheidet.

Der Sachverständige empfiehlt

Wäsche und Materialien, die für die Verwendung in Heimen, Einrichtungen und Firmen verkauft werden, müssen für diesen Einsatzzweck auch geeignet sein. Sollte dies nicht der Fall sein, liegt ein Reklamationsgrund vor.

Um die Reklamation durchzusetzen, empfiehlt es sich gegebenenfalls, Rechtsbeistand einzuholen - beispielsweise als Mitglied einer Innung oder eines Landesverbandes bei der zuständigen Rechtsabteilung.

22. Hemden: Kragen und Manschetten eingegangen

Auf den Grund plätten

Zwei hochpreisige Hemden werden – nicht das erste Mal – zur Pflege in einer Wäscherei abgegeben. Bisher war alles zur Zufriedenheit des Kunden, doch dann gehen Manschetten und Kragen ein. Ein Plätteisen bringt den Sachverständigen auf die Schadensursache.

Der Hemdenservice erfreut sich vor allem im städtischen Bereich großer Beliebtheit. Täglich werden in deutschen Textilreinigungen und Wäschereien etwa 400.000 Hemden gewaschen und gebügelt. Dabei spielt es in den Augen der Kunden offensichtlich keine Rolle, ob es sich um ein sogenanntes „bügelfreies" Hemd, ein Hemd vom Discounter oder ein hochpreisiges Hemd eines bekannten Markenherstellers handelt. Die Unterschiedlichkeit der Hemden zeigt sich auch in den verschiedenen Verschmutzungen. Ob ein Hemd auf der Baustelle, in der Großküche oder beim Beratungsgespräch getragen wurde – es soll nach der Wäsche wieder in einwandfreiem Zustand sein.

Mit dieser Erwartung wurden auch zwei hochpreisige Hemden zur Pflege in einer Wäscherei abgegeben. Die Hemden sind etwa drei bis vier Jahre alt und waren in der Wäscherei zuvor bereits einige Male zur Zufriedenheit des Kunden bearbeitet worden. Diesmal reklamiert der Kunde allerdings, dass bei beiden Hemden bei der letzten Wäsche Manschetten und Kragen eingegangen seien, sodass er die Hemden nicht mehr tragen könne.

Eine erste Begutachtung kommt zu dem Ergebnis, dass es sich um einen Schaden handelt, der durch Gebrauch bzw. durch mehrmaliges Waschen verursacht worden ist. Der Gutachter stellte fest, dass sich an Manschetten und Kragen die Oberstoffe von den Einlagen gelöst haben. Die Hemden könnten aber dennoch getragen werden. Diese Feststellung erzürnte den Kunden, da er ja den Kragen nicht mehr schließen kann.

Das Ergebnis dieser ersten Begutachtung akzeptieren weder die Wäscherei noch der Kunde. Auch der Hersteller lehnt die Verantwortung ab und verweist darauf, dass ein materialbedingtes Einlaufen bereits nach der ersten Wäsche hätte sichtbar werden müssen.

Bei der erneuten Begutachtung eines weiteren Sachverständigen wird zunächst untersucht, ob die Kragen und Manschetten tatsächlich eingegangen sind. Denkbar wäre auch, dass der Kunde „größer" geworden ist, also zugenommen hat. Es handelt sich um Hemden der Konfektionsgröße 43. Das heißt, dass der Umfang des Kragens von Knopflochmitte bis zu Knopfmitte

43 cm misst. Die Messung ergab in beiden Fällen jedoch lediglich einen Abstand von 41 cm. Offensichtliche Hinweise auf ein Eingehen der Hemden wie zum Beispiel gekräuselte Nähte fanden sich nicht.

Zwei Markenhemden: Oben ist der Kragen geplättet, unten noch nicht.

Deshalb wurde versucht, den zuvor angefeuchteten Kragen mit einem *„Plätteisen"* auszubügeln, um zu überprüfen, ob dieser sich auf 43 cm längen lässt. Ein Plätteisen ist ein Bügeleisen, das keine Möglichkeit hat, Dampf auszustoßen. Mit ihm plättet man mit hoher Temperatur feuchte Ware, in der Regel Baumwolle und Leinen, auf den „Grund". Mit einem Augenzwinkern könnte man auch von einer „Handmangel" sprechen. Die ehemalige Berufsbezeichnung „Wäscher und Plätter" weist auf das Plätten ebenso hin wie die in der Gesellen- und Meisterprüfung verlangte geplättete Rüschenbluse. Im Unterschied hierzu spricht man vom (professionellen) Bügeleisen, wenn mit diesem trockene Textilien mittels Wärme und Dampf in Form gebracht werden können.

Das Plätten des Kragens brachte in diesem (Schadens-)Fall tatsächlich den gewünschten Erfolg. Der Kragen ließ sich mit Druck und mäßigem Zug auf die ursprünglichen 43 cm weiten. Auch die Manschetten konnten in den ursprünglichen Zustand gelängt werden.

Schadensursache

Weshalb reichte eine herkömmliche Bearbeitung auf dem Hemdenfinisher diesmal nicht aus, um ein Krumpfen der Hemden zu verhindern? Es gibt mehrere Ansatzpunkte, um dieser Frage nachzugehen:

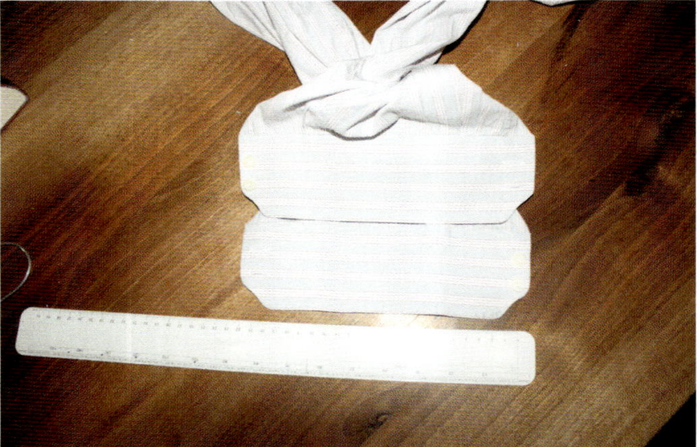

Auch bei den Manschetten ergibt sich durchs Plätten ein Größenunterschied von rund 8 mm.

Bei höherwertigen Hemden sind sowohl der Stoff als auch die Einlagematerialien im Gegensatz zur Masse der Hemden meist nicht pflegefreundlich veredelt. Die Einlagen und Oberstoffe reagieren auf die Wasch- und Bügelprozesse empfindlicher, das heißt, sie knittern und krumpfen stärker.

Ob nun die von der Wäscherei durchgeführte 60 °C-Wäsche mit Vorwäsche oder das anschließende Antrocknen zur Krumpfung geführt haben, ließe sich mit entsprechenden Praxistests überprüfen. Dazu wäre es nötig, entsprechende Hemden vor der Bearbeitung zu vermessen und mit unterschiedlichen Verfahren zu waschen und zu trocknen (bzw. aufzulockern). Als andere Ursache denkbar wäre auch, dass die Stoffteile beim Bestücken der Kragen- und Manschettenpresse nicht ausreichend gestrafft wurden.

Schadensregulierung

Der Schaden ist vollständig reparabel. Ein Schadensersatzanspruch besteht deshalb nicht. Aus Sicht der professionellen Textilpflege wäre es selbstverständlich hilfreich, wenn alle Hemden so verarbeitet wären, dass ein rationelles Bearbeiten im Textilpflegebetrieb möglich ist. Die Herausforderung, die Pflegeprozesse an die jeweiligen Textilien anzupassen, bleibt jedoch Kernaufgabe eines Fachbetriebes.

Der Sachverständige empfiehlt

Ein eingegangenes Textilteil kann, öfter als gemeinhin gedacht, durch Bügeln wieder in seine ursprüngliche Größe gebracht werden. Das zeigt gerade auch der vorliegende Fall, der durch den Einsatz eines Plätteisens gelöst werden konnte.

23. Kasack: Ablösungen der Beschriftung durch zu heiße Kittelpresse

Kasack gepresst

Mietberufsbekleidung oder die Praxiswäsche selbst anschaffen? Mit dieser Frage hat sich ein Ärzteteam eines radiologischen Zentrums beschäftigt. Die Praxis hat sich für die Neuanschaffung der Praxisberufsbekleidung entschieden. Doch schon bald waren der Schriftzug der Praxis und der Name der Trägerin auf den Kasacks nicht mehr zu erkennen. Wer war schuld an der teilweise abgelösten Schrift?

Die Vorteile von Leasingwäsche, wie die Beratung bei der Auswahl der Textilien, das Gewährleisten von Reparaturen, die Dokumentation von Nutzungszeiten, die Ersatzbeschaffung und nicht zuletzt die Finanzierungsvorteile, lassen sich leider nicht immer ausreichend kommunizieren. Die Schwierigkeit besteht vor allem darin, die Entscheidungsträger für das Thema zu sensibilisieren. Auch die Bedeutung einer fachgerechten Pflege wird in vielen Fällen unterschätzt. Gerade Wäschereien, die Leasingwäsche bearbeiten, legen viel Wert darauf, dass die Textilien möglichst langlebig sind und effektiv gepflegt werden können. Dies bedarf einer möglichst genauen Abstimmung zwischen den Berufsbekleidungstextilien, deren Verschmutzungen und Einsatzzwecken einerseits, den Wasch- und Finishprozessen andererseits. Nicht umsonst beschäftigen einige größere Textilserviceunternehmen eigene Textilingenieure, die die Beschaffung und die Bearbeitung eng mit den Anwendungstechnikern abstimmen.

Die Praxismitarbeiter der radiologischen Praxis wurden allerdings mit Berufsbekleidung eines Berufsbekleidungshändlers ausgestattet. Die neu angeschaffte Arbeitskleidung wurde mit dem Schriftzug der Praxis und dem Namen der jeweiligen Trägerin beschriftet.

Schadensbild

Bereits nach einem halben Jahr sahen sich die verantwortlichen Ärzte jedoch mit dem Problem konfrontiert, dass die Beschriftung der etwa 60 mit Namen versehenen Kasacks nach der Wäsche teilweise abgelöst war.

Das gab Anlass zur Reklamation bei der Wäscherei. Diese lehnte jedoch die Verantwortung ab. Die Ursache sei eine mangelnde Beständigkeit der Beschriftung gegenüber den üblichen Waschverfahren. Sie empfahl eine Reklamation beim Händler, der die Beschriftung allerdings nicht selbst aufgebracht hatte. Der Händler konfrontierte seinen „Beschrifter“ mit dem Schaden. Auch dieser wies jede Schuld von sich, da er wie üblich verfahren sei und es in all den Jahren noch keine vergleichbare Reklamation gegeben habe. Er reklamiere den Fall aber sicherheitshalber beim Hersteller der Beschriftungsfolie. Der Hersteller seinerseits verwies auf seine Qualitätskontrolle und auf die Tatsache, dass diese Folien weltweit im Einsatz und bislang keine Materialmängel bekannt seien.

Der abgebildete Kasack wurde für die Mitarbeiterinnen einer Arztpraxis angeschafft.

Deutlich zu sehen: Die Schrift löst sich bei einer Presstemperatur von über 150 °C ab.

Begutachtung

Diese Vorgeschichte wurde dem Sachverständigen bei Auftragserteilung allerdings nicht mitgeteilt. Es kamen nur zwei Kasacks zur Begutachtung, einer mit defektem Schriftzug, ein weiterer unbeschädigt. Die Vermutung, dass ein einzelner Kasack in einem Copyshop beschriftet oder die Beschriftung selbst aufgebügelt worden war, lag dabei nahe. Copyshops und Internethändler bieten immer mehr entsprechende Dienste an. Immer wieder sind mit diesen semiprofessionellen Möglichkeiten Wäschereien und Textilreinigungen befasst. Oft sind der Schriftzug oder das Logo nur für den einmaligen Gebrauch geeignet, da sie nicht ausreichend pflegebeständig aufgebracht worden sind.

Die für die Beschriftung zuständige Firma wehrte sich vehement gegen diese Begutachtung. Sie argumentierte, dass von der Schädigung einige, aber bei Weitem nicht alle Teile betroffen seien, dass die verwendete Folie von einem Qualitätshersteller produziert worden sei und der Prozess des Patchens der Schriftzüge mit Zeit- und Thermostatkontrolle akribisch überwacht werde. Mit nahezu identischen Produkten habe es in einer anderen Wäscherei noch nie Probleme gegeben.

Schadensursache

Mit diesen ergänzenden Angaben wurde der Schadensfall nachuntersucht. Musterstücke wurden angefordert, die Verarbeitungshinweise des Herstellers der Beschriftungsfolie beschafft und eine Reihe von Versuchen durchgeführt.

Dabei wurden die Musterstücke entsprechend der Pflegekennzeichnung bei 60 °C gewaschen und auf Stufe 2, das entspricht einer maximalen Bügeltemperatur von 150 °C, gebügelt und gepresst. Nach dieser Bearbeitung zeigte sich keine Veränderung. Ein weiterer Versuch mit der Bügelpresse allerdings offenbarte die Schadensursache. Bei Temperaturen über 150 °C löst sich die Schrift an und bleibt teilweise an der Metallplatte hängen.

Das gab Grund zur Annahme, dass die Wäscherei die Kasacks auf der Kittelpresse gefinisht hat. *„Ja, die Kasacks werden auf unserer Kittelpresse bearbeitet. Wir decken die Beschriftung aber immer ab, um eine entsprechende Warenschonung zu erreichen. Diese Bearbeitung ist nötig, da wir keinen Tunnelfinisher haben und die Teile aus Kostengründen nicht von Hand bügeln können."* Durch das Nachstellen des schädigenden Prozesses konnte der Schadensfall eindeutig geklärt werden. Die an sich nachvollziehbare Vorgehensweise der Wäscherei birgt diverse Risiken. Wird die Schrift wirklich konsequent abgedeckt? Wird durch ein Abdecken der Schrift ein Überschreiten der Temperatur von 150 °C wirksam verhindert? Kann ein Überschreiten der Bearbeitungstemperatur durch Abstellen der Dampfzufuhr über einen definierten Zeitraum verhindert werden, sodass die Kasacks einerseits schön glatt werden, andererseits aber keinen Schaden nehmen? Kann die Bearbeitung dieser Warengruppe zu dem bisherigen Preis erfolgen?

Mit treffenden Antworten auf diese Fragen würde ein altes Sprichwort aufs Neue bestätigt: Aus Schaden wird man klug.

Der Sachverständige empfiehlt

Beauftragen Sie ein Gutachten, stellen Sie dem Sachverständigen möglichst alle Informationen zur Verfügung. Das ist eine wichtige Voraussetzung für eine korrekte Begutachtung. Werden Informationen bewusst oder unbewusst vorenthalten, kann dies für alle Beteiligten zu unangenehmen Überraschungen führen. Das kann mit meist geringfügigem Aufwand vermieden werden.

24. Tischwäsche: Flusenbildung und die Tricks mancher Hersteller

Bleichen nicht erlaubt?

Bei Tischdecken eines Restaurants, die keine zwei Jahre alt waren und ausschließlich in der Wäscherei gepflegt wurden, traten Verschleißspuren in Form von starker Flusenbildung auf. Der Lieferant der Tischwäsche sah die Ursache der Gewebeveränderungen im Einsatz aggressiver Waschmittel und wies auf ein Verbot von Chlorbleiche bei diesen Textilien hin. Der wahre Grund für den Schaden lag woanders.

„Weiße Baumwolltischdecken, einmal gekauft, können für viele Jahre im Restaurant genutzt werden, ohne dass mit Verschleiß zu rechnen ist." Mit dieser Ansicht kann man beruhigt in das Reklamationsgespräch mit der Wäscherei gehen, denn entweder handelt es sich um einen Bearbeitungsfehler der Wäscherei, was im Zweifelsfall augenscheinlich ist, oder der Wäschehersteller wird eben ersatzpflichtig. Mit dieser Einstellung werden Wäschereien oftmals konfrontiert. Meist bewahrheitet sich diese Ansicht nicht, denn auch Tischwäsche unterliegt einem Verschleiß. Die Gebrauchsdauer von weißer Tischwäsche wird von mehreren Faktoren bestimmt. Die Stapellänge der verarbeiteten Fasern, die Verschmutzung, das verwendete Waschprogramm und die Anzahl der Waschzyklen spielen dabei zentrale Rollen. Setzt man durchschnittliche Werte für diese Parameter an, so ergibt sich eine Nutzungsdauer von ca. 100 Waschzyklen. Dieser Wert findet sich auch in der aktuellen Zeitwerttabelle.

Gebrauchte Tischwäsche nach etwa 250 Waschzyklen.

Bei der zur Reklamation und im weiteren Verlauf auch zur Begutachtung vorgelegten Ware handelte es sich um Wäsche, die zum Zeitpunkt der Reklamation etwa zwei Jahre alt war. Der Kunde war der Annahme, dass die Wäsche, die ausschließlich in der Wäscherei bearbeitet wurde, nach so kurzer Zeit unmöglich Verschleißspuren aufweisen kann.

Schadensursache

Bei genauerer Analyse der Lieferzyklen stellte sich heraus, dass die Tischwäsche, aufgrund der geringen Vorratshaltung, wesentlich häufiger genutzt wurde als zunächst angenommen. Das Restaurant wurde täglich angefahren, freitags sogar zweimal, was auch erforderlich war, da kein nennenswerter Ersatzbestand vorhanden war. Das Nachvollziehen der Liefermengen und Bestandsdaten ergab für den gesamten Tischwäschevorrat durchschnittlich drei Waschzyklen pro Woche. Damit sind bereits nach neun Monaten die vorgesehenen 100 Waschzyklen erreicht.

Trotzdem ließ sich die im Rahmen der Reklamation hinzugezogene Wäschefabrik für die reklamierte Hotelwäsche, ein branchenbekannter Lieferant aus dem Süden Deutschlands, dazu hinreißen, folgenden, in Passagen gekürzten Brief an das Restaurant zu schreiben:

> *„Sie monierten, dass das Gewebe seit drei Monaten flust. (...) Wir haben die eingesandten Mundservietten sorgfältig getestet und geprüft. (...) Das Gewebe hat seine Festigkeit verloren, d.h. die Baumwolle löst sich auf, wodurch die Flusen entstehen. Dieses Erscheinungsbild deutet, unseren Untersuchungen zufolge, auf einen Einsatz aggressiver Waschmittel hin – möglicherweise wurde Chlor in überdosierter Menge eingesetzt. Diese scharfen Zusätze greifen die Fasern stark an und führen so zur Zerstörung der Gewebefestigkeit. Das Ergebnis ist, wie im vorliegenden Fall gut erkennbar, ein frühzeitiger Verschleiß der Ware. Liegt die bisherige Nutzungsdauer der Tischdecken unter 120 bis 150 Waschzyklen, so ist davon auszugehen, dass das Waschverfahren und die entsprechenden Parameter nicht optimal gewählt wurden und hierdurch eine Schädigung der Fasern eingetreten ist. Es ist uns im Nachhinein nicht möglich, die Zahl der Waschzyklen zu ermitteln. Aufgrund unserer Untersuchung und langjährigen Erfahrung können wir heute sagen, dass ein Material-, Verarbeitungs- oder Ausrüstungsfehler nicht vorliegt. Ein Tipp in eigener Sache: Vermeiden Sie möglichst, die Ware mit chlorhaltigen Mitteln zu waschen. Dosieren Sie die Waschmittel ökologisch, dann werden Sie lange Freude an unseren Produkten haben."*

Das Schreiben unterstützt das reklamierende Restaurant in seiner Beschwerde gegenüber der Wäscherei. Es besagt eindeutig, dass die Wäscherei mit aggressiven Mitteln zu scharf gewaschen hat. Der Hinweis auf die Waschzyklen erscheint da eher nebensächlich.

Schadensregulierung

Bei der Prüfung des Sachverhalts im Rahmen der Gutachtenerstellung wird standardmäßig auch die Pflegeempfehlung des Herstellers eingeholt. Das Restaurant betonte, dass keine Pflegeempfehlung mit der neuen Wäsche überreicht worden sei.

Auf Nachfrage beim Hersteller erklärte dieser, dass jeder Lieferung die entsprechenden Pflegeempfehlungen beigelegt würden. Auch dem Gutachter schickt man diese Pflegeempfehlung zu.

Es handelt sich um ein 28-seitiges Booklet mit dem Titel: „So werden Sie Wäschepflegeprofi." Dieses Booklet wird bei der Auslieferung allen Artikeln beigelegt, sei es Tischwäsche, Berufsbekleidung, Bettwäsche bis hin zu Matratzen. Die Pflegekennzeichen für die gekaufte Tischwäsche finden sich jedoch nicht darin. Diese findet man allerdings auf der Internetseite des Herstellers: Waschen bei 95 °C, nicht bleichen, bügeln auf Stufe drei, Tumblertrocknung auf Stufe zwei.

Interessant ist auch, dass nicht nur die Chlorbleiche „verboten" wird, was bei weißer Tischwäsche zumindest auf Dauer kaum eingehalten werden kann. Schließlich gibt es Gewürzflecken, die erst durch Nachwäsche mit chlorhaltigen Bleichmitteln zu beseitigen sind. Bei der die Reklamation betreffenden Tischwäsche geht man so weit, alle Bleichverfahren durchzustreichen. Eine auf diese Weise gekennzeichnete Wäsche ist im Prinzip als Wegwerfartikel zu betrachten, da bereits nach einmaliger Nutzung die Tischwäsche nicht mehr optisch sauber wird.

Neue Tischwäsche, die zwar gewaschen, aber nicht gebleicht wurde, ist nicht mehr optisch sauber.

Bleichverfahren sind also bei dieser Tischwäsche gar nicht erlaubt. Auf Nachfrage erklärt die für die Kunden aus dem Bereich der gewerblichen Wäschereien zuständige Sachbearbeiterin: *„Ja, wissen Sie, das ist für uns eine gewisse Sicherheit."* Die Sicherheit für den Hersteller ergibt sich im Rückschluss aus folgender Situation. Ein Kunde reklamiert Tischwäsche. Eine exakte labortechnische Untersuchung ist zu teuer und müsste außer Haus gegeben werden. Sie könnte eventuell sogar einen Mangel an der Ware aufdecken. Also kommt man zu dem Schluss, dass die Ware mit zu aggressiven Mitteln bearbeitet worden ist. Da die reklamierte Ware keine Rotwein- oder sonstigen, ausschließlich mit Bleichmittel zu entfernenden Flecken aufweist, ist die Wäsche offensichtlich gebleicht worden. Damit ist aus Herstellersicht eine Fehlbehandlung nachgewiesen, und die Reklamation kann bereits deshalb (meist erfolgreich) abgewiesen werden. Eine effiziente und sehr kostengünstige Reklamationsbearbeitung auf Kosten der Kunden, oft auch auf Kosten der Wäschereibranche.

Dass die Tischwäsche, die bei Gebrauch weiße Faserreste absondert, nicht zu 100 Prozent aus Baumwolle besteht, sondern einen nicht unerheblichen Anteil an Zelluloseregeneratfasern enthält, wird mit keinem Wort erwähnt. Auch auf der Internetseite des Unternehmens ist die

Materialbeschaffenheit mit 100 Prozent Baumwolle deklariert. Darauf angesprochen erklärt das Unternehmen: *„Ja, es stimmt, wir hatten hier einen Wechsel in der Zusammensetzung der Fasern."*

In diesem Fall handelte es sich bei den flusenden Tischdecken um einen normalen, gebrauchsbedingten Verschleiß. Dieser fiel deshalb auf, weil durch die Verwendung von Modal- oder Viskosefasern mit kürzerer Stapellänge das für diese Ware typische Flusen auftrat. Die weißen, kleinen Flusen lagern sich gerne auf den dunklen Anzügen und Kostümen der Restaurantbesucher ab. Das musste bei der früher verwendeten Tischwäsche aus reiner Baumwolle nicht moniert werden.

Auch Tischwäsche aus Baumwolle unterliegt einem Verschleiß und wird brüchig, sie flust bei Gebrauch jedoch nicht in diesem Umfang.

Der Sachverständige empfiehlt

Bei der Anschaffung von Textilien sollte auf verbindliche, internationale Pflegesymbole und Materialangaben nicht verzichtet werden. Sie haben den Rang zugesicherter Eigenschaften und sind im Falle einer Reklamation ein wichtiger Bestandteil für die Zuordnung der Schadensursache. Lieferanten, die sich dem Wunsch nach Kennzeichnung mit verbindlichen Pflegesymbolen verschließen oder nicht einhaltbare Kennzeichnungen vornehmen, haben ihre Gründe dafür. Ob eine Unterstützung dieser Lieferanten beispielsweise durch den Kauf ihrer Produkte angezeigt ist, bleibt anheimgestellt.

25. Bett- und Kissenbezüge: Pillingbildung

Ruinierte Wäsche im Krankenhaus

Bett- und Kissenbezüge in einem Krankenhaus haben dunkle Punkte und seien „völlig ruiniert", so die Verantwortlichen, die die Schuld bei der zuständigen Wäscherei suchen. Ein Gutachten zeigt: Es handelt sich um Pillingbildung, die in der Gewebekonstruktion begründet liegt.

Es ist mal wieder so weit: Die Zertifizierung im Krankenhaus steht vor der Tür. Diesmal nehmen die Zertifizierer besonders die *„weichen Faktoren"* wie optisches Erscheinungsbild und Serviceorientierung in den Fokus. Auf den Stationen herrscht Hochbetrieb. Es sind noch einige kleinere Mängel zu beseitigen. Bei dieser Gelegenheit wird auch die Bettwäsche für die Patientenbetten in Augenschein genommen. Das Ergebnis: Die Wäsche ist völlig ruiniert. Überall finden sich dunkle Punkte. Die gesamte Wäsche muss ersetzt werden. Möglichst noch in derselben Woche!

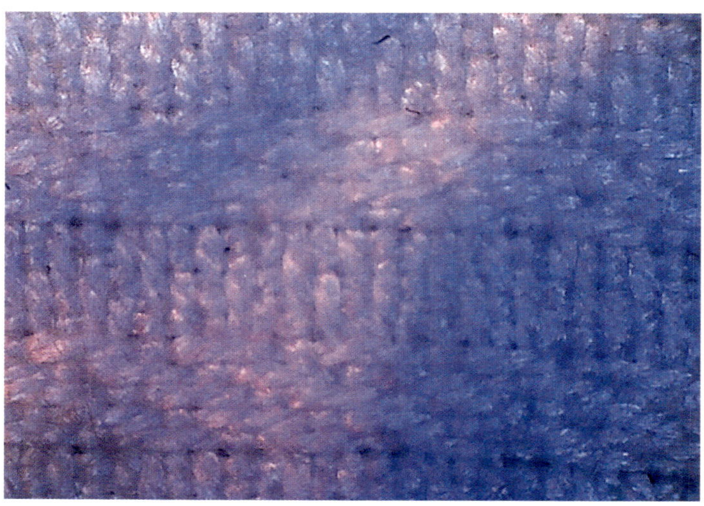

Das Gewebe der Bezüge in Vergrößerung.

Bei genauerem Hinsehen erkennt man, dass lediglich die Bett- und Kissenbezüge betroffen sind, die Laken sind in Ordnung. Sofort wird die Wäscherei einbestellt. Schließlich soll sie die Kosten für die ruinierte Wäsche übernehmen. Die Wäscherei, mit der Schädigung konfrontiert, möchte sich anhand eines Gutachtens ihre korrekte Arbeit bestätigen lassen oder andernfalls wissen, welcher Bearbeitungsfehler ihr anzulasten sei.

Schadensbild

Bei der Bettwäsche handelt es sich um Ware, die ohne Material- und Pflegekennzeichnung vorliegt. Im Zuge der Durchmusterung zeigt sich, dass es sich bei den schwarzen Punkten um Pillingbildung handelt. Sowohl Kissen- als auch Bettbezug haben die Öffnung nicht entlang der Kante, die Ober- und Unterseite trennt, sondern sie befindet sich komplett auf einer Seite der Bezüge (sogenannter „Hotelverschluss"). Da die Seite, auf der sich die Öffnung befindet, aus optischen Gründen stets als Unterseite angesehen und entsprechend verwendet wird, kann diese Tatsache wichtige Hinweise geben. Beim Kissenbezug beschränkt sich die Pillingbildung auf die Oberseite des Kissens. Der Schwerpunkt dieser optischen Beeinträchtigung ist im mittleren Bereich zu finden. Beim Bettbezug gibt es auf der Innenseite in der Nähe des Verschlusses einen Schwerpunkt der Pillingbildung und an der gegenüberliegenden Kante des Bettbezuges. Darüberhinaus ist die ganze Innenseite leicht mit Pillingen versehen. Auf der Oberseite findet man die Pillinge ausschließlich im mittleren Bereich der der Verschlussseite gegenüberliegenden Kante. Zu den Ecken nimmt die Zahl der Pillinge deutlich ab.

Schadensursache

Aufgrund des Schadensbildes lassen sich bereits erste Rückschlüsse ziehen. Die Pillingbildung hat offenbar zumindest teilweise gebrauchsbedingte Ursachen. Aufgrund der Konfektionierung der Bezüge werden diese immer an den gleichen Stellen beansprucht. Der Kissenbezug immer an der Oberseite, der Bettbezug an der Unterseite durch den Kontakt mit den Füßen der Patienten und im Bereich des Halses sowohl auf der Innen- als auch auf der Oberseite. Durch die immer wiederkehrenden Bewegungen während des Gebrauchs entsteht der Effekt, dass sich Faserenden aus dem Gewebe herausarbeiten. Vor allem die Synthetikfasern weisen dabei eine solche Stabilität auf, dass sie sich nicht ablösen, wie dies bei Naturfasermaterial geschehen würde, sondern relativ fest mit dem Gewebe verbunden bleiben. Während des Waschprozesses verfangen sich dann weitere, bereits abgelöste Faserteilchen und bilden die Pillinge.

Wieso erscheinen diese Pills jedoch auf der Gewebeoberfläche als dunkle Punkte? Hierfür kommen ursächlich zwei Möglichkeiten infrage, die in der Wäscherei zu suchen sind. Einerseits könnte es sich um die Verschleppung von Faserresten aus dunkleren Wäscheposten auf einer Waschstraße oder Waschmaschine handeln, oder darum, dass nicht ausreichend gut filtriertes Brauchwasser zur Bearbeitung dieser hellen Wäsche verwendet wurde. Findet sich im Waschwasser noch ein hoher Anteil an dunklen Faserstücken, können sich diese bei der Wäsche genauso wie die helleren Faserstückchen zu Pillingen eindrehen. Dadurch wird die Pillingbildung, die vielleicht bereits länger vorhanden war, besonders deutlich sichtbar. Bei der Schädigung handelt es sich ausschließlich um eine optische Beeinträchtigung, die durch Abscheren der Pillinge behoben werden kann. Die Ursache der Pillingbildung liegt in der Gewebekonstruktion begründet.

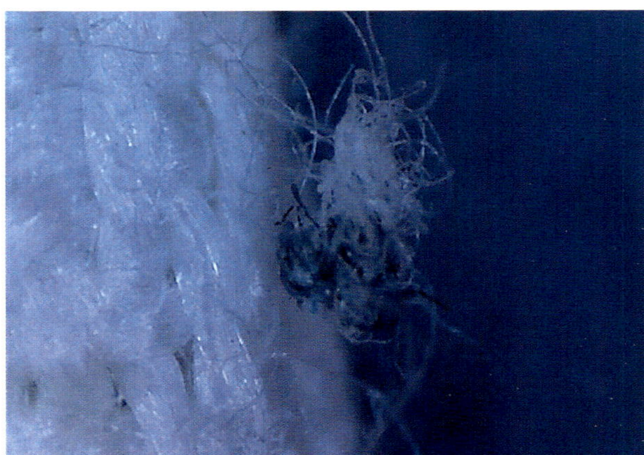

Unter dem Mikroskop sieht man einen Pill mit dunklem Fremdfaseranteil.

Schadensregulierung

Und wie reagieren die Verantwortlichen im Krankenhaus? Unter dem Gesichtspunkt, dass die Wäscherei keine fehlerhafte Bearbeitung durchgeführt hatte, sondern die Pillingbildung durch die Beschaffenheit der Wäsche hervorgerufen wurde, erschien die Wäsche den Verantwortlichen in einem ganz neuen Licht. Bei der als „völlig ruiniert" reklamierten Bettwäsche handelte es sich nun, nach Kenntnisnahme des Gutachtens, um eine „minimale optische Beeinträchtigung". Eine Neuanschaffung der Bettwäsche wurde als nicht notwendig erachtet.

Der Sachverständige empfiehlt

Grundsätzlich kann man zwei Arten von Pillingbildung unterscheiden: Pillingbildung, die nach Waschprozessen vollflächig, „noppenartig" auftritt und deren Ursache z.B. an der Verwendung kurzstapliger Baumwolle im Zusammenhang mit einer zu lockeren Garnkonstruktion liegt. Hier hat man ein vollflächiges Erscheinungsbild und sehr kleine „Knötchen" mit einem eher „noppenartigen" Erscheinungsbild ohne oder mit nur geringem Fremdfaseranteil. Bei der Pillingbildung, die auf die Verwendung von Synthetikfasern in Kombination mit Naturfasern zurückgeführt werden kann, bilden sich deutlich aufsitzende kleine „Knäuel" oder Knötchen, in denen auch Fremdfasern mit eingedreht sind.

Vor der Bearbeitung größerer Posten von kundeneigener Wäsche empfiehlt es sich, Einkaufsunterlagen und Produktbeschreibungen der jeweiligen Wäsche anzufordern; diese können wichtige Hinweise über die Pflegbarkeit der Ware enthalten. Wäre die im Schadensfall beschriebene Bettwäsche mit dem Pflegehinweis für eine schonende Waschbehandlung ausgestattet gewesen, hätte sie nicht in einem üblichen, gewerblichen Waschverfahren für Krankenhauswäsche gewaschen werden dürfen. In diesen Waschverfahren können in aller Regel die in der Norm definierten Schonbedingungen nicht eingehalten werden.

26. Flächenvorhang: Rechtliche Folgen eines ungeklärten Schadensfalles

Durchblick mit Schwarzlicht

Beim Wiederanbringen von Flächenvorhängen nach dem Reinigen stellte eine Kundin fest, dass ein Stoff dunkler als ursprünglich, der andere rund 1 cm eingegangen war. Die Untersuchung durch den Sachverständigen konnte keine Fehlbehandlung durch den Reiniger nachweisen.

Eine von vielen Möglichkeiten, Räume vor Lichteinstrahlung zu schützen, bieten sogenannte Flächenvorhänge. Sie zählen, genauso wie Gardinen und Übergardinen, zu den Produkten, die im Bereich der Raumausstattung mit dem Begriff „innenliegender Sonnenschutz" bezeichnet werden. Flächenvorhänge werden mithilfe von Klettbändern an einen Paneelwagen geklettet. Deshalb werden diese Dekorationsmöglichkeiten auch als Schiebepaneele oder Paneltrack bezeichnet. Die flächig aufgezogenen Stoffe wirken anders als Gardinen, da sie in der Fläche stärker in Erscheinung treten. Ein wesentlich geringerer Stoffbedarf im Vergleich zu Gardinen resultiert ebenfalls aus dieser Technik. Eine besondere Ausführung stellt der in diesem Schadensfall beschriebene Flächenvorhang dar. Dieser wird nicht nur oben an den Paneelwagen geklettet und am unteren Rand mit einem Beschwerungsstab versehen, sondern mit einem an allen vier Seiten des Stoffes angebrachten Flausch- oder Ösenband auf einen Rahmen geklettet.

Natürlich müssen auch diese Stoffe gepflegt werden, weshalb eine Kundin sie zur Reinigung in einen Fachbetrieb brachte. Die Stoffe wurden, da sie keine Pflegekennzeichnung aufwiesen, schonend gereinigt und waren innerhalb weniger Tage abholbereit. Beim Wiederanbringen der Stoffe stellte die Kundin fest, dass ein Stoff dunkler als ursprünglich, der andere Stoff 1 cm eingegangen war. Obwohl Maßänderungen von 1 cm bei Dekostoffen meist nicht von Relevanz sind, entstanden in diesem Fall große Probleme, da der Stoff exakt auf einen vorgegebenen Rahmen passen musste.

Die Kundin brachte ihre Reklamation vor, und der Textilreiniger betonte, beide Stoffe der gleichen Behandlung mit einem Schonreinigungsverfahren in Perchlorethylen unterzogen zu haben. Durch Hinzuziehen eines Gutachters sollte nun Klarheit im Hinblick auf die Ursache dieser Reklamation erlangt werden. Die beigen Vorhänge bestehen laut Materialkennzeichnung aus 45 Prozent Polyester, 40 Prozent Abaca und 15 Prozent Baumwolle. Eine Pflegekennzeichnung ist nicht vorhanden.

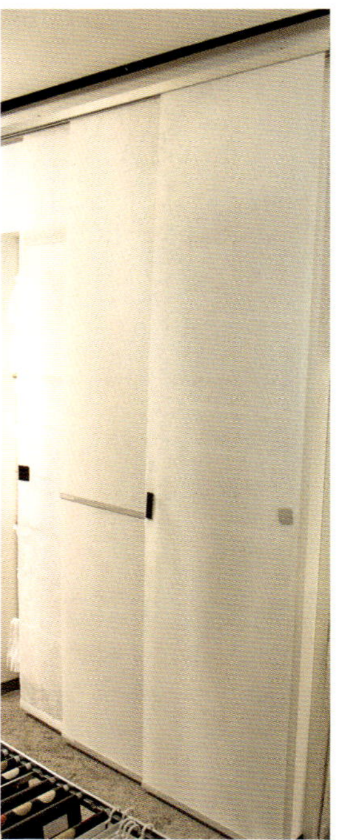

Flächenvorhänge, wie z.B. dieses Modell, sind eine von zahlreichen Möglichkeiten, unerwünschte Lichteinstrahlung zu verhindern.

Schadensursache

Es stellen sich nun verschiedene Fragen: Sind beide Stoffe tatsächlich zusammen bearbeitet worden? Warum ist dann nur einer eingegangen? Wie kommen die Farbunterschiede zustande? Welcher der beiden Stoffe hat die Originalfarbe - der hellere oder der dunklere? Ist eventuell ein Stoff mit optischem Aufheller gewaschen worden, der andere aber nicht? Das könnte ja schließlich mal passieren ...

Um diesen Fragen auf den Grund zu gehen, wurde die Kundin um Musterstücke gebeten. Tatsächlich hatte sie noch Stoffreste, die beim Zuschnitt angefallen waren. Die Streifen zeigten den gleichen Farbton wie das hellere Stück Stoff, sodass eine Fehlbehandlung durch optischen Aufheller ausgeschlossen werden konnte. Die bestätigte auch ein entsprechender Waschversuch mit einer Stoffprobe aus den Musterstreifen.

Die Untersuchung unter der Analysequarzlampe ergab, dass der hellere Stoff mit optischem Aufheller versehen, der dunklere Stoff jedoch nicht damit ausgerüstet worden war.

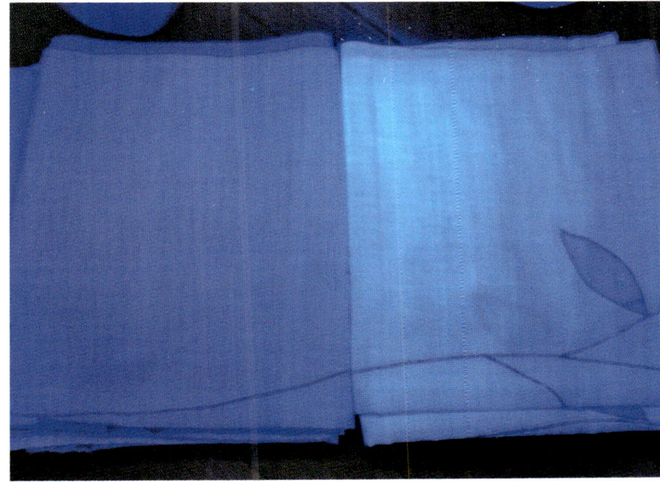

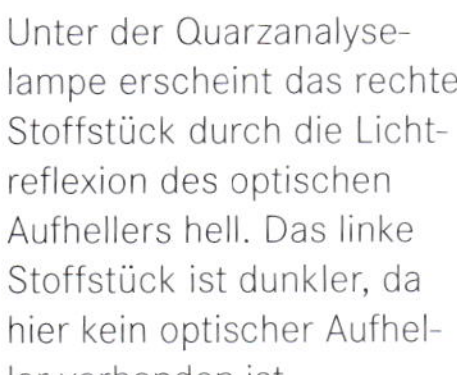

Unter der Quarzanalyselampe erscheint das rechte Stoffstück durch die Lichtreflexion des optischen Aufhellers hell. Das linke Stoffstück ist dunkler, da hier kein optischer Aufheller vorhanden ist.

Auch bei Tageslicht ist die Tonabweichung erkennbar.

Die Vermutung liegt nahe, dass der optische Aufheller durch die Reinigungsbehandlung oder eine Waschbehandlung entfernt (fachsprachig: gelöscht) wurde. Dieser Verdacht konnte allerdings bei weiteren Versuchen mit den Musterstreifen nicht erhärtet werden. Auf nochmaliges Nachfragen erläuterte die Kundin, dass die Stoffe direkt nebeneinander hängen, sodass Unterschiede in der Sonneneinstrahlung und eine dadurch bedingte Schädigung des optischen Aufhellers im Reinigungsverfahren nicht naheliegt. Gegen eine Schädigung durch Sonnenlicht/ultraviolettes Licht spricht ferner, dass dort, wo der Stoff mit den Klettstreifen am Rahmen befestigt ist, der Rahmen das Stoffstück beschattet. An diesen Stellen müsste der Stoff also, falls UV-Licht eine Rolle spielt, heller geblieben sein, da er an dieser Stelle keinem UV-Licht ausgesetzt war. Vor allem die von der Kundin angeführte unterschiedliche Maßänderung spricht dafür, dass es sich bei den Stoffen um Stoffstücke unterschiedlicher Warenchargen handelt. Ein Stoffstück aus einer Charge mit reinigungs- und waschbeständigem optischen Aufheller und der Eigenschaft, nachträglich einzugehen. Das andere Stoffstück mit nicht ausreichend beständigem „optischen Aufheller“. Dagegen steht die Angabe der Kundin, die Musterstoffstücke seien jeweils von einem der beiden reklamierten Stoffe abgeschnitten. An diesen kann jedoch trotz Durchführung verschiedener Wasch-, Reinigungs- und Bügelverfahren der optische Aufheller nicht entfernt werden, wie dies an dem dunkleren Vorhang reklamiert wird. Fachlich bleibt also ein Fragezeichen.

Schadensregulierung

Rechtlich gesehen ist, nach dem ersten Augenschein, keine Fehlbehandlung durch die Textilreinigung erfolgt. Auch die Untersuchung durch den Sachverständigen kann keine Fehlbehandlung nachweisen, sodass der Reinigungsbetrieb keinen Ersatz leisten muss.

Der Sachverständige empfiehlt

Schiebepaneele kommen verstärkt in die Textilreinigungen. Der Reiniger sollte sich daher mit der Ware und deren Verwendung auseinandersetzen. Die Ansprüche an den Warenausfall sind meist höher als bei Gardinen, da die Stoffe vollflächig verwendet werden und somit jede Ungleichmäßigkeit stark auffält. Entsprechend dem erhöhten Aufwand empfiehlt es sich, den Preis zu kalkulieren.

27. Gardinen/Stores: Fadenzieher durch Konfektionierung

Manchmal ist es zum Heulen

Wenn die helle Jahreszeit beginnt, muss auch die Wohnung in frischem Glanz erstrahlen. Vielfach werden Gardinen in Wäschereien und Reinigungen professionell gepflegt. Umso ärgerlicher ist es, wenn dabei etwas schiefgeht – wie bei den Eheleuten Monzel im folgenden Fall.

Das Wohnzimmer eines Ehepaares im „Rheinischen" soll wieder in Frische erstrahlen. Deshalb müssen auch die beiden Stores gewaschen werden. Sie sind jedoch zu groß für die heimische Waschmaschine, sodass das Ehepaar auf die Hilfe einer altbekannten, ortsansässigen Wäscherei zurückgreift. *„Kein Problem, Ihre Stores sind bei uns in besten Händen."* Bestärkt durch das Beratungsgespräch kehrt Frau Monzel heim und hofft, dass die Vorhänge bald wieder an Ort und Stelle sind. Schließlich kommen doch in drei Wochen die neuen Nachbarn zum Abendessen. Bis dahin ist zwar noch Zeit, aber Frau Monzel hasst es, alles auf den „letzten Drücker" zu erledigen.

Schadensbild und Erstgutachten

In der Wäscherei werden die Vorhanggleiter entfernt und die Stores einer Feinwäsche unterzogen. Zum Trocken werden die Stores aufgehängt. Eine Bügel- oder Dämpfbehandlung erscheint der Wäscherei nicht nötig.

Die Gardine hängend nach der Bearbeitung in der Wäscherei.

Mit Kleinigkeiten beteiligt sich auch Herr Monzel an der Erledigung der Aufgaben im Haushalt. So ist er gerne bereit, die fertigen Stores von der Wäscherei abzuholen und nach Hause zu chauffieren. Frau Monzel kommen die Tränen, als sie sieht, wie das Ergebnis der Wäsche ausgefallen ist. Überall sind kleine Fadenzieher erkennbar, über die gesamten Stores sind diese Defekte verteilt; zudem sind die Stores furchtbar knittrig. Herr Monzel kann die Aufregung gar nicht verstehen. Er kann keine Schädigung entdecken und hält seine Frau für etwas überspannt. Als sie ihm die Stellen genau zeigt, sieht er sie auch: *„Schatz, das stört doch keinen." – „Doch, mich!"*, antwortet seine Frau.

> Die Stores gehen deshalb als Reklamation zurück in die Wäscherei. Die behauptet, keinen Bearbeitungsfehler gemacht zu haben. Frau Monzel wendet sich schließlich an die Schlichtungsstelle für Textilreinigungsreklamationen mit der Bitte um eine fachliche Beurteilung. Das Schlichtungsgutachten fällt für die Wäscherei *„vernichtend"* aus: *„Der Warenausfall der Stores zeigt deutlich, dass sie mit zu hoher Temperatur und unter Einwirkung zu hoher Mechanik (Trommelbeladung, zu hohe Schleuderdrehzahl) behandelt wurden. Des Weiteren sind diverse Fäden gezogen, die beim Rollieren in der Maschine durch die Gardinenhäkchen entstanden sind. Im Rahmen der fachmännischen Warenschau hätte darauf hingewiesen werden müssen, dass, wenn die Häkchen in den Stores verbleiben, es zu diesen Schädigungen kommen kann. Die Stores wurden nicht den spezifischen Materialeigenschaften entsprechend behandelt. Der Schaden liegt im Verantwortungsbereich der Textilreinigung."*

Mit dem Gutachten im Rücken fordert die Kundin von der Wäscherei als Ersatz mehr als 1.000 Euro. Diese möchte das Untersuchungsergebnis jedoch nicht akzeptieren: Weder seien die Gardinengleiter in den Stores belassen worden, noch seien Fehler in Bezug auf Beladung oder Temperatur unterlaufen. Ein Sachverständigengutachten soll Klarheit bringen.

Zweitgutachten

Bereits als der Zweitgutachter das Paket öffnet, fällt auf, dass die gelieferten Stores sehr knittrig sind. Da zwei Stores vorhanden sind, können an einem der beiden Versuche durchgeführt werden, ohne die Beweislage zu beeinträchtigen. Um den nicht auf den ersten Blick augenfälligen Schaden überblicken zu können, bügelt der Gutachter in einem ersten Versuch den Store mit schwacher Hitze. Problemlos lässt sich der Store glätten. Eine Fixierung der Falten und Kniffe durch heiße Flotte, Schleudern oder/und einen nicht ausreichenden „Cool-down" nach der Waschbehandlung ist nicht festzustellen. Diese Rückschlüsse der Schlichtungsstelle lassen sich nicht erhärten.

Wie lässt sich aber die Frage beantworten, ob die Fadenzieher durch verbliebene Vorhanggleiter verursacht wurden? Falls, wie von der Wäscherei behauptet, der Schaden trotz des Entfernens der Vorhanggleiter eingetreten ist, müsste ein erneutes Waschen des Stores ohne Vorhanggleiter zur Ausweitung der Schädigung führen. Verändert sich nichts, wäre es erheblich wahrscheinlicher, dass bei der ersten Wäsche vielleicht doch die Vorhanggleiter im Raffband verblieben sind und den Schaden verursacht haben.

Laut der beigefügten Anschaffungsrechnung dürfen die Stores einer Feinwäsche bei 30 °C mit Feinwaschmittel unterzogen werden. Zudem wird ausgeführt, dass auch eine „chemische

Feinreinigung“ möglich sei (Anmerkung: Vielleicht ist das der Begriff, der in unserer Branche das Wort „Vollreinigung“ ablösen könnte?).

20-fache Vergrößerung der Gardine: Die Fadenzieher sind gut zu erkennen.

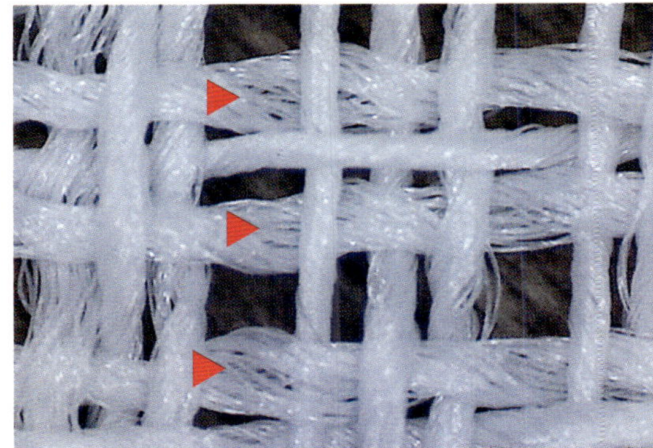

200-fache Vergrößerung: Erkennbar sind „flauschige, nicht stark gedrehte Garne“.

20-fache Vergrößerung des harten Raffbandes.

Zur Vorbereitung des zweiten Versuchs fertigte der Gutachter eine 42× 59 cm große Schablone aus Papier, die er einem zufällig ausgewählten Referenzbereich zuordnete. Die Schädigungen der Vorderseite des Stores wurden auf die Vorderseite der Papierschablone, jene der Rückseite auf die Rückseite des Papiers aufgezeichnet. Danach wurde ohne Vorhanggleiter eine Feinwäsche bei 30 °C mit Feinwaschmittel durchgeführt.

Zum Trocknen wurde der Store aufgehängt. Anschließend legte der Sachverständige die Schablone auf die definierte Stelle. Er prüfte, ob weitere Schadstellen entstanden waren. Tatsächlich hatten sich die Schäden auf beiden Seiten ausgeweitet. Damit war die Wäscherei nachweislich und vollumfänglich entlastet.

Schadensursache

Die eigentliche Ursache der Schädigung ist auch nicht, wie man vermuten könnte, in der Gewebekonstruktion zu suchen. Viele Stores weisen ähnliche Konstruktionen und ähnlich wenige Bindungspunkte auf wie der streitgegenständliche Store. Die Besonderheit dieser Stores liegt in der offenen, flauschigen Beschaffenheit der Mehrzahl der Kett- und Schussfäden. Diese flauschig wirkenden Fäden geben dem Store einen sehr weichen Griff. Die locker gedrehten, flauschigen Garne in Verbindung mit dem zu harten Raffband haben zu den reklamierten Fadenziehern geführt. Durch die Verwendung eines weicheren Raffbandes hätte der Schaden vermieden werden können. Die Eheleute Monzel sind in diesem Fall umfangreich geschädigt. Sollte der Schadensverursacher die gesamten angefallenen Kosten übernehmen, könnte man von einem Wunder sprechen.

Der Sachverständige empfiehlt

Es gibt nahezu unendlich viele unterschiedliche Stores. Manchmal reicht es aus, sie direkt nach dem Waschen nass aufzuhängen. Oft ist dies jedoch, was die Glättung angeht, nicht ausreichend. Sie müssen auch gebügelt oder gedämpft werden. Das ist lästig und teurer, aber - natürlich je nach Qualitätsanspruch - unumgänglich.

Im Rahmen der Schiedsstellenarbeit können die Untersuchungen, die das Gremium durchführt, nicht so sehr in die Tiefe gehen, wie dies im Rahmen eines Sachverständigengutachtens möglich ist. Dadurch kann es in seltenen Fällen zu Fehleinschätzungen kommen. Daraus lassen sich keine verallgemeinernden Rückschlüsse auf die Qualität der Arbeit der Schlichtungsstelle(n) ziehen.

28. Kissenbezüge: Sofakissen eingelaufen

(Un-)Schöne Bescherung

Mangelnde Gemütlichkeit, verkürzte Kissen, wellige Reißverschlüsse. Nach der Behandlung in der Reinigung sind 15 Kissenbezüge ruiniert und das Weihnachtsfest einer langjährigen Kundin gleich dazu. In diesem Fall war jedoch der Raumausstatter „verantwortlich".

Sauber und behaglich soll es sein bei einem gemütlichen Fernsehabend auf dem Sofa. Besonders zur Weihnachtszeit. So stellte sich zumindest eine Reinigungskundin die besinnliche Zeit des Jahres vor und brachte ihre 15 Sofakissenbezüge rechtzeitig vor Weihnachten zur Reinigung. Freundlich und zuvorkommend wurde sie bedient, und auch der Wunschtermin konnte problemlos eingehalten werden. Am vierten Adventswochenende sollten die Kissen mit den frisch gereinigten Bezügen bezogen werden. Doch das besinnliche Wochenende nahm vorzeitig ein jähes Ende. Alle Bezüge waren stark eingelaufen und passten nun nicht mehr auf die Kissen.

Oberflächlich betrachtet mag der Stoff noch einwandfrei aussehen ...

Wort- und Briefwechsel konnten auch keine passenden Bezüge beschaffen, und so stellte sich schnell die Frage nach der Verantwortlichkeit. Weihnachten war, aus *„kissentechnischer"* Sicht, erst einmal gelaufen. Der Kundin wird vonseiten der Reinigung unterstellt, sie behaupte nur einen angeblichen Größeneinsprung, weil sie sich vermutlich in der Farbgebung und Musterung vergriffen habe. Hinweise auf eine Maßänderung an den Bezügen seien nämlich nicht erkennbar. Tatsächlich war der eingewebte Chenillezwirn, ein samtartiger Effektzwirn, genauso kuschelig wie bei dem mitgelieferten Musterstück, und auch sonst waren keine Anzeichen einer Fehlbehandlung erkennbar.

Eine solche „*Unverschämtheit*" machte die Kundin zunächst sprachlos. Als langjährige Kundin mit Unterstellungen dieser Art konfrontiert zu werden sei das Allerletzte. Die Reinigung müsse zu ihrem Fehler stehen, und wenn sie nicht in der Lage sei, Kissenbezüge zu reinigen, solle sie dies vorher angeben. In diesem Falle hätte man von einer Beauftragung abgesehen. Sollte keine Ersatzleistung erfolgen, müsse sie sich einen Anwalt nehmen. Die Kissen seien vor noch nicht einmal einem Jahr bei einem Raumausstatter in Hamburg für insgesamt 700 Euro gekauft worden. Name und Adresse des Raumausstatters seien jedoch nicht mehr bekannt.

Schadensursache

..., bei näherer Betrachtung ist der gewellte Reißverschluss jedoch nicht zu übersehen.

Wie auf oberem Bild erkennbar, haben die Kissen gewellte Reißverschlüsse. Ein sicheres Anzeichen für eine Maßänderung. Wenn der Bezugsstoff schrumpft, behalten die Reißverschlüsse, die in der Regel aus Kunststoff oder Metall gefertigt werden, ihre ursprünglichen Maße. Schrumpft nun der Stoff, so ist der durch Eingehen kürzere Stoff zwar glatt, der gleichlang gebliebene mit dem Stoff fest vernähte Reißverschluss wellt jedoch aufgrund des Maßüberschusses. Durch Längenmessung der Reißverschlüsse konnte auf eine Maßänderung von circa acht Prozent rückgeschlossen werden. Als Gegenprobe werden von dem durch die Kundin zur Verfügung gestellten, unbearbeiteten Stoffmuster zwei Proben genommen. Eine Probe wird mit Dampf dekatiert, die andere Probe wird schonend gereinigt. Beide Proben gehen ebenfalls zirka acht Prozent ein. Damit konnte nachgewiesen werden, dass der Stoff vor dem Zuschnitt nicht ausreichend, beispielsweise durch Dekatieren, vorbereitet worden war.

Der Sachverständige empfiehlt

Manche Kollegen bieten den ortsansässigen Raumausstattern gezielt die Leistung des Dekatierens, also des Dämpfens von Stoffen vor dem Zuschnitt, an. Es ist sogar ein Betrieb bekannt, der dies als kostenlosen Service bewirbt. Damit können Raumausstatter für das Thema Textilpflege sensibilisiert werden. Und: Wen empfiehlt der Raumausstatter seinen Kunden als gute Reinigung? Vielleicht gehen Sie einmal auf die Raumausstatter in Ihrer Nähe zu?

Information | Chenillezwirn

Der Raupenfußeffekt

Chenillezwirne werden auch Raupenzwirne genannt, da ihr Aussehen an das Erscheinungsbild von Raupen erinnert. Sie zählen zu den Effektzwirnen. Eigentlich sind Chenillezwirne Stücke eines in Streifen geschnittenen Gewebes. Bei der Herstellung dieser Zwirne bilden die in Streifen geschnittenen Kettfadenbündel die sogenannte Seele. Die klein gestückelten Schussfäden hängen wie Raupenfüße daran. Das gewebte Flachchenille wird durch Drehen auf der Zwirnmaschine meist zu Rundchenille verarbeitet. Eine andere Herstellungsart von Chenillegarn geschieht unter Zuhilfenahme von Raschelmaschinen.

Der Chenillezwirn besteht aus Stücken eines in Streifen geschnittenen Gewebes.

29. Matratzenbezüge: Grenze der Bearbeitungsmöglichkeiten

Nassreinigung nur mit Vorsicht

Gelbe Ränder und Flecken verbleiben nach einer chemischen Reinigung in Matratzenbezügen. Um ein optisch sauberes Ergebnis zu erzielen, ist eine Nassreinigung nötig. Dabei gilt es Maßänderungen und Verfilzung zu verhindern. Wichtig ist die richtige Menge des Wassers, die Trommelbewegung und die Zugaben von Enzymen und Bleichmittel.

Ein Umzug steht ins Haus. Alles ist gepackt und vorbereitet. Aber mit der alten Matratze in die neue Wohnung? Nein! Zumindest sollte der Bezug mal tüchtig gewaschen werden. Das denkt sich der Kunde und erkundigt sich in seiner Reinigung nach den Möglichkeiten der Pflege von Matratzenbezügen.

„Matratzenbezüge? Klar kann man die waschen", die freundliche Mitarbeiterin der Reinigung hat schon viele Matratzenbezüge angenommen und ausgegeben, und alles war eigentlich immer in Ordnung.

Noch am selben Tag kommt der Kunde vorbei und gibt seinen Bezug ab. Er soll zum Umzug am Wochenende frisch gewaschen sein, damit er an den neuen Wohnort mitgenommen werden kann. „Kein Problem, das dauert nur zwei Tage", sagt die Servicefachkraft.

Es dauert tatsächlich lediglich zwei Tage, und der Matratzenbezug ist auch wirklich schön sauber geworden. Alle Flecken sind entfernt. Allerdings ist der Bezug jetzt wesentlich härter und kleiner als vorher. Das eingesteppte Flies aus Schurwolle ist vollkommen verfilzt.

Der Kunde trägt es mit Fassung. Dann muss halt eine neue Matratze her. Auch die Textilreinigung reagiert angemessen. Sie bekennt sich zu dem verursachten Schaden und bittet den Kunden um Entschuldigung und gewährt eine Entschädigung.

Die Textilreinigung wendet sich nach der Schadensregulierung mit der Frage, welche Möglichkeiten es gibt, vergleichbare Matratzenbezüge zu bearbeiten, an den Sachverständigen.

Man kann drei Gruppen von Matratzenbezüge bilden: Einige Matratzenbezüge sind mit Pflegeanleitungen versehen. Neben der Temperaturangabe 30 °C, 40 °C, 60 °C oder 95°C findet sich meist auch ein Balken unter dem Waschbottich, welcher Schonwäsche empfiehlt. Das erfordert neben geringerer Mechanik und höherem Flottenstand auch die Verwendung eines geeigneten Waschmittels. Ein Vollwaschmittel weist in der Regel eine zu hohe Alkalität auf. Im Rahmen einer Schonwäsche ist deswegen die Verwendung eines Vollwaschmittels zu vermeiden. Der Gebrauch eines Vollwaschmittels könnte also für eine Maßänderung ebenso verantwortlich sein wie ein Übertrocknen im Wäschetrockner. Um die häufig vorhandenen Verfleckungen zu entfernen, empfiehlt es sich, dem Feinwaschmittel eventuell noch ein Bleichmittel und/oder Waschenzyme zuzusetzen.

Dieser Matratzenbezug wurde durch das Waschen verfilzt.

Erfahrungen der Oberbekleidung übertragen

Mit Schurwoll- oder Zellulosefaseranteil gefertigte Matratzenbezüge sind oft mit dem Hinweis „Nur chemisch reinigen" oder einem „P" gekennzeichnet. Diese Bezüge können zwar problemlos gereinigt werden, Flecken oder gelbe Ränder lassen sich im Gegensatz zu Hautschuppen, Milben und Milbenkot in der Regel jedoch nicht entfernen.

Als dritte Gruppe gibt es noch die Matratzenbezüge ohne Pflegekennzeichnung und ohne vollständige Materialkennzeichnung. Bei diesen Bezügen ist das Risiko einer Bearbeitung zunächst aufseiten des Textilpflegebetriebes. Oft werden diese Bezüge auch gereinigt, um kein unnötiges Risiko einer Nassbehandlung einzugehen. Allerdings sind die Ergebnisse von chemisch gereinigten Bezügen meist unbefriedigend.

Wie lassen sich diese Ergebnisse optimieren? Es muss doch unbefriedigend sein, optisch verschmutzte Ware herauszugeben.

Erfahrungen, die im Rahmen der Bearbeitung von Oberbekleidung erworben worden sind, könnten auf die Pflege von Matratzenbezügen übertragen werden. Warum also nicht einmal Bezüge nassreinigen? Wenn Wollpullover und Baumwollhosen eine Nassbehandlung vertragen, könnten dies vielleicht auch Matratzenbezüge aus dem gleichen Material? Falls ja, unter welchen Bedingungen?

Schadensursache

Ein klassisches Nassreinigungsverfahren ist oft ungeeignet, da sich viel Wasser in der Polsterung sammelt und die Bezüge dadurch schwer werden. Deshalb wird die mechanische Einwirkung auf das Material im Rahmen des Programmablaufs erheblich größer als bei einer Charge, die lediglich aus Wollpullovern und Wollhosen besteht. Die erhöhte mechanische Einwirkung kann folglich zu einer Verfilzung der Füllung und dadurch zu einer Schrumpfung der Matratzenbezüge führen.

Die Erläuterung der Stoffzusammensetzung kann der Textilreiniger auf dem Bezug nachlesen.

Eine Reduktion der Mechanik im Rahmen eines normalen Nassreinigungsverfahren, beispielsweise nur eine Trommelbewegung pro Minute und noch niedrigerer Flottenstand, würde weder einen ausreichenden Spüleffekt für wasserlösliche Gebrauchsverschmutzung noch eine ausreichende Fleckentfernung mit sich bringen.

Schadensregulierung

Wie könnte aber eine erfolgreiche Behandlung mit Wasser aussehen? Kann ein Programm mit viel Wasser und wenig Mechanik für diese Warenart eine Lösung sein? Viel Wasser, um sowohl eine Fleckentfernung als auch eine gute Verdünnung für wasserlösliche Substanzen zu erreichen und um eine geringe Mechanik zu gewährleisten. Bei der Ausgestaltung eines solchen Programms müssen Trommelbewegungen ohne Wasser (beim Wasserzu- und -ablauf sowie in der dem Schleudern vorangehenden Phase des Waschprogramms) weitestgehend vermieden werden. Ein entsprechendes Nassreinigungsverfahren unter Zusatz geeigneter Enzyme und eventuell eines Bleichmittels könnte eine Lösung für die Bearbeitung „nicht waschbarer" Matratzenbezüge darstellen.

Vielversprechende Praxisversuche sind sowohl für Wasserbettbezüge als auch für Schurwollbezüge durchgeführt worden. Dabei konnten sehr gute Ergebnisse erzielt werden.

Nach der Bearbeitung in der Waschmaschine sollten die Bezüge kurz im Trockner aufgelockert werden, um anschließend an der Luft durchzutrocknen. Anschließendes Aufdämpfen der Bezüge ist ratsam, um die ursprüngliche Größe wieder zu erreichen und damit das Beziehen der Matratze zu erleichtern.

Es scheint, dass in Bezug auf die Pflege von Matratzenbezügen aus Naturfasermaterial noch Verbesserungspotenzial vorhanden ist. Insbesondere Verfahren, die auch ältere Verschmutzungen beseitigen, wären ein Fortschritt.

Der Sachverständige empfiehlt

Matratzenbezüge könnten im Hinblick auf die Pflegebehandlung und den Service ein interessantes Produkt für Textilreiniger sein. Basierend auf Fachkenntnissen und Berufserfahrung ist der Textilreiniger gefordert, sich Gedanken zu machen, wie passende Pflegeverfahren gestaltet werden müssen. Meist stehen dem Textilreiniger für die Umsetzung der Verfahren kompetente Anwendungstechniker der Waschmittelindustrie zur Seite.

30. Polyestergardine: Starke Knitterbildung

Nach der Reinigung „Crashlook“

Ein „hochwertiges Paar Seidenstores“ aus einem schicken Einrichtungshaus sollte „gewaschen“ werden. „Nur Staub“ befinde sich auf den Stores, und man solle ganz vorsichtig sein. Also kein Problem für eine gute Reinigung?

Immer wieder gibt es bei Heimtextilien Unsicherheiten, wie die Produktgruppen begrifflich benannt werden und was sie voneinander unterscheidet. Dazu einige wenige Hinweise: Eine nahezu deckungsgleiche Bezeichnung für Stores ist Gardine. In Abgrenzung hierzu spricht man dann bei blickdichten Verdunklungsstoffen von Übergardinen bzw. Vorhängen. Die Interessengemeinschaft der deutschen Heimtextilienindustrie GmbH unterscheidet zwischen Gardinen (licht- und blickdurchlässig) und Dekostoffen (Vorhänge, Übergardinen, Schals). Diese Dekostoffe sind blickdicht und mehr oder weniger lichtdicht. Verdunklungsstoffe sind Stoffe, die absolut licht- und blickdicht sind. Die Stoffe, die zwar sehr viel Licht durchlassen, aber keinen Blick von innen nach außen zulassen, nennt man Inbetweens (übersetzt „dazwischen“), also ein Zwischending zwischen Gardinen und Dekostoffen.

Die Stores im vorliegenden Fall wurden zunächst einer genaueren Warenschau unterzogen. Es zeigte sich eine erhebliche Verschmutzung durch Rückstände von Fliegen und Mücken. Außerdem befand sich folgende Material- und Pflegekennzeichnung an einem der Stores: Material: 100 Prozent Polyester; Pflegehinweise: Waschverbot, Bleichverbot; Bügeln: Stufe 1; Reinigung: P und nicht in den Haushaltstrockner.

So war der Textilreinigermeister vor die Wahl gestellt, entweder die Pflegeanleitung zu beachten, die Verschmutzung aber nicht entfernen zu können, oder den Polyesterstoff zu waschen, um somit einen guten Reinigungseffekt zu erzielen.

Schadensursache

Polyester ist in der Regel ein sehr pflegeleichtes Material, das auch gut waschbar ist. Die Farbe der Stores, ein sehr helles Beige, sprach ebenfalls nicht gegen eine Waschbehandlung. So entschied sich der Meister, ohne vorherige Rücksprache und Risikoübernahme durch den Kunden, für eine schonende Waschbehandlung.

Umso größer war die Überraschung, als die Gardinen nach der Waschbehandlung völlig zerknittert aus der Waschmaschine entladen wurden.

Nach der Waschbehandlung sind die Textilien zerknittert.

Handelt es sich doch um Seidengardinen? Aber nein, es sind eindeutig Polyesterstores. Anschließendes Dämpfen und Bügeln brachte keinen Erfolg. Die Knitterfalten waren nicht zu entfernen. Der beauftragte Gutachter erhielt die Stores mit der Fragestellung, ob hier ein Behandlungsfehler des Textilreinigers vorliege. Insbesondere sollte bei der Beurteilung berücksichtigt werden, dass sich dem Textilreiniger keine andere Möglichkeit bot, als die Stores nass zu behandeln, da ansonsten die nassgebundene Verschmutzung (Fliegen- und Mückenkot) nicht entfernt werden konnte.

Natürlich bestand der Kunde auf der Feststellung, dass sich auf den Stores ausschließlich Staub befunden habe. Für ein Verschulden des Textilreinigers spricht, dass er eine durch die Pflegekennzeichnung verbotene Waschbehandlung durchgeführt hat und die Stores nun beschädigt sind. Andererseits erscheint es sehr wahrscheinlich, dass die Stores nicht nur verstaubt waren, wie der Kunde behauptet, sondern auch mit den einschlägigen Flecken versehen.

Schadensregulierung

Wenn beide Parteien aus ihrer jeweiligen Sicht auch in den Augen eines neutralen Gutachters „recht haben", besteht eine besondere Herausforderung. Wie kommt man nun aus dieser Zwickmühle heraus? In diesem Fall eigentlich ganz einfach: Man beseitigt den Schaden. Die Grundüberlegung dazu lautet: Wenn Knitter durch eine schonende Waschbehandlung entstanden sind, müssen sie doch auch wieder zu beseitigen sein. Da es mit Bügeln und Dämpfen nicht geklappt hat, müsste man es mit Pressen versuchen.

Tatsächlich konnten die Falten letztendlich unter zu-Hilfe-Nahme einer Hosenpresse beseitigt werden. Dabei wird die Pressplatte 10 bis 20 Sekunden mit ca. 6 bar auf die Gardine gepresst. Die zugeführte Wärme in Verbindung mit der Energie in Form des Anpressdruckes erweicht die Polyesterfaser. Dadurch werden die Fasern wieder in ihre ursprüngliche Form gedrückt.

In manchen fehlerhaft gewählten Waschverfahren werden Textilien aus Sythetikfasern ohne „Cool-down" (d.h. langsames Abkühlen der Waschflotte durch Zufuhr von kaltem Wasser in die warme oder heiße Waschflotte) gewaschen, und es entstehen dadurch beim Schleudern

Falten, Knicke. Auch in solchen Fällen lohnt es sich zu versuchen, die Falten durch Pressen zu entfernen. Je nach Konfektionierung der Textilien und der technischen Ausstattung des jeweiligen Betriebes sind diesem Lösungsweg Grenzen gesetzt. Man denke an Jackenärmel, Schulterpartien oder Ballonröcke. Bei teuren Teilen lohnt es sich eventuell Nähte aufzutrennen, den Schaden durch Pressen zu beheben und anschließend durch Näharbeit den Ausgangszustand wiederherzustellen.

Die Stores in knitterfreiem Zustand.

Der Sachverständige empfiehlt

Geben Sie geknitterte, faltige Synthetikstoffe nicht vorschnell auf. Wo Bügeln nicht mehr weiterhilft, kann wie im vorliegenden Fall das Pressen des Stoffes zum gewünschten Erfolg führen.

INFORMATION | BEGRIFFE

Wie sagen Sie?

In Deutschland, der Schweiz und Österreich gibt es rund ums Thema „Falten" in der deutschen Sprache und Mundart ganz unterschiedliche Begriffe: Falten bilden, Falten werfen, Knitterfalten, Kniffe, verknittert, zerknittert oder geknittert, geknüllt, zerknüllt oder verknüllt, gegrumpfelt, knittrig, krumpflig, kraus, geknifft, geschrumpelt, knautschig, zerknautscht, krumpelig, krunkelig, verdrückt, verrumpelt.

31. Sofabezug: Gewebeschädigung durch Klettverschlüsse

Ein Auftrag mit Haken und Ösen

Beim Wiederaufziehen eines Sofabezuges nach der Reinigung stellt der Kunde fest, dass einige weiße Schadstellen zu sehen sind, die bei der Abgabe nicht vorhanden waren. Der Reiniger erklärt, dass die Schadensursache in der Materialbeschaffenheit liegt. Doch hat er damit recht?

Auf der Suche nach Entspannung und Ruhe ist das Zentrum der Wohnung meist das Sofa im Wohnzimmer. Einladend soll es sein, bequem, gut aussehen, und – erfahrene Sofaliebhaber wissen es – die Bezüge sollten abziehbar sein, um dann und wann gereinigt werden zu können. Hat man dann auch noch einen gröberen Stoff in einer gedeckten Farbe gewählt, so wurde beim Sofakauf eigentlich alles richtig gemacht.

Um ganz sicherzugehen, bringt man den schönen Sofabezug auch regelmäßig in die Reinigung, um ihn auffrischen zu lassen. Mit diesem guten Gefühl wird ein Sofabezug mit leichter Anschmutzung in einen Textilreinigungsbetrieb gegeben. Beim Wiederaufziehen des Bezuges nach der Reinigungsbehandlung stellt die Familie jedoch fest, dass einige weiße Schadstellen zu sehen sind, die bei der Abgabe nicht vorhanden waren. *„An den Stellen ist das Gewebe zerstört“*, reklamiert der Kunde. *„Das ist materialbedingt. Da kann man nichts machen“*, lautet die lapidare Antwort des Textilreinigers. Nachdem man beim Kauf des Sofas so viel bedacht hat, möchte der Kunde es nicht dabei bewenden lassen und bittet um eine neutrale Begutachtung.

Schadensursache

Bei der In-Augenschein-Nahme durch den Gutachter kann eine Gebrauchsverfleckung auf den ersten Blick ausgeschlossen werden. Es handelt sich vielmehr um Fadenzieher des Bezugsstoffes, verursacht durch das Hakenband des am Bezugsstoff angenähten Klettverschlusses. Diese erscheinen auf der grauen Grundfarbe des Bezugsstoffes durch die Lichtbrechung als „weiße Stellen“.

Ein Klettverschluss besteht aus zwei aufeinander abgestimmten Bändern, die ihrerseits beispielsweise auf ein Stück Stoff aufgenäht oder an ein Möbelstück angetackert werden. Auf einer Seite ist ein Hakenband angebracht, auf der anderen Seite ein Ösenband, auch Flauschband genannt, in dem sich die Haken verfangen können. Durch „Aneinanderkletten“ beider Bänder wird der Verschluss geschlossen (siehe auch Kasten „Klettverschluss“).

Die Ursache ist also augenfällig, es bleibt die Frage, wer für den Schaden die Verantwortung trägt. Warum bringt der Hersteller das Hakenband am Sofabezug an, während das Flauschband an das Sofagestell getackert ist? Das Flauschband hat nicht die Eigenschaft, sich in gröberen Stoffen festzuhaken. Heinrich Kreipe, Textilingenieur und Branchenkenner aus Tönnisforst: *„Es ist mir kein Grund dafür bekannt."*

Der schadhafte Polsterbezug.

Detailaufnahme: Die Fasern sind an einigen Stellen hochgezogen.

Die Stellungnahme des Bundesverbandes der vereidigten Sachverständigen im Raumausstatterhandwerk bestätigt diese Aussage grundsätzlich, benennt jedoch einige Ausnahmen. Der Fachbereichsleiter Polsterei gibt zu bedenken, dass in speziellen Fällen aus fachlicher Sicht durchaus das Häkchenband am Bezugsstoff anzubringen ist. Vor allem, wenn kein Flauschband als Gegenstück verwendet wird, sondern eine entsprechend strukturierte, textile Fläche, auf die das Hakenband variabel festgedrückt werden kann. Ein weiterer Aspekt ist die Beschaffenheit des Hakenbandes. Hakenbänder sind in aller Regel fester bzw. steifer als Flauschbänder. Teilweise werden diese Eigenschaften genützt, um eine optische Straffung der Bezugsstoffe an den Übergängen bewirken. Allerdings seien dies Spezialfälle. Ansonsten gibt es keinen Grund für die Verwendung von Hakenbändern auf Textilien. Durch entsprechende Konfektionierung von Industrie und Raumausstattern könnten derartige Schadensfälle vermieden werden.

Bis es in diesen Fragen allerdings zu einem durchschlagenden Erfolg kommt, muss der Textilreiniger mit den Hakenbändern der Klettverschlüsse rechnen und sich auf diese Ware einstellen. Abhilfe können beispielsweise Flauschbänder aus einem Kurzwarengeschäft schaffen, die vor dem Reinigen auf die Hakenbänder aufgebracht werden und diese dadurch „unschädlich“ machen. In den Fällen, in denen sich das aufgenähte Hakenband im betreffenden Stoff nicht verhaken kann, ist es möglich, die Teile einzeln in Netze zu packen. So kann eine Schädigung anderer Stoffe vermieden werden.

Schadensregulierung

Ist nun doch eine Schädigung eingetreten, gibt es meist eine Möglichkeit der Nachbesserung. Durch Abrasieren der herausgezogenen Faserbüschel kann der Schaden unsichtbar gemacht und das Textil für eine weitere Verwendung gerettet werden. Wenn es dem Reinigungsbetrieb gelingt, sich auf die Verwendung von Hakenbändern einzustellen, hat der Kunde weiterhin das Gefühl, mit seinem Sofa alles richtig gemacht zu haben.

Der Sachverständige empfiehlt

Auf Klettverschlüsse sollte man sich als Textilreiniger, so lästig es auch sein mag, einstellen.

INFORMATION | KLETTVERSCHLUSS

Der Natur abgeschaut

Der Klettverschluss wurde im Jahre 1941 vom Schweizer Ingenieur George Mestral erfunden. Als er eines Tages mit seinem Hund von einem Ausflug zurückkehrte, wunderte er sich, wie schwer es war, die anhaftenden Kletten aus dem Fell seines Hundes zu entfernen. Er untersuchte die Kletten unter einem Vergrößerungsglas und fand den Grund für ihre starke Haftung. Sie bestehen aus zahlreichen, winzigen, elastischen Haken, die sich in den Hundehaaren verhakt hatten. Nach jahrelangen, aufwendigen Versuchen gelang Mestral ein ganz neues, mechanisches Verschlusssystem, welches nicht klemmt, ohne Schlüssel oder sonstiges Werkzeug zu bedienen und sehr lange benutzbar ist: der Klettverschluss. Schlaufen- und Hakenseite bilden eine feste Verbindung, die längst auch in der Textilindustrie vielfältige Verwendung gefunden hat.

Die Entwicklung des Klettverschlusses ist auch ein Paradebeispiel für Bionik. Bionik beschäftigt sich mit der Entschlüsselung von „Erfindungen der belebten Natur“ und ihrer innovativen Umsetzung in der Technik. Die Bionik ist ein interdisziplinärer Bereich, in dem Naturwissenschaftler und Ingenieure sowie bei Bedarf auch Vertreter anderer Disziplinen, wie etwa Architekten, Philosophen und Designer, zusammenarbeiten. Ein weiteres Beispiel für Bionik ist auch der Lotuseffekt, das Nachahmen des Abperlefeffektes des Wassers auf der Lotusblüte, um Fassaden oder Textilien wasserabweisend zu machen.

Tipp: Manche Klettverschlüsse sind verflust und haften nicht mehr richtig. Diese Klettverschlüsse kann man mit einem einfachen Trick aufarbeiten: Mit einer Nadelbürste oder einer Hundebürste kann die Hakenseite aufgebürstet und von Rückständen befreit werden. Dadurch haftet der Klettverschluss wieder besser.

32. Store: Wellenbildung durch Einlaufen der eingenähten Polyamid-Streifen

Streifen machen Wellen

Nach der Reinigung wirft ein Store über die gesamte Breite Wellen. Das Reinigungsunternehmen versichert, die Gardine gemäß Pflegeempfehlung gereinigt zu haben. Um Licht ins Dunkel zu bringen, wurden aus einem Stoffrest zwei Proben angefertigt. Das erste Stoffstück wurde gereinigt, das zweite gewaschen.

Als der Ehemann ins Pensionsalter kam, machte es sich Familie Ott in ihrer Wohnung so richtig nett. Unter anderem wurde für das Wohnzimmer ein 9 m breiter und 2,30 m langer Store gekauft. Nach zwei Jahren sollte dieser Store schließlich gesäubert werden. Laut Pflegeempfehlung des Raumausstatters darf der Store nur „chemisch gereinigt“ werden. Also bringt man ihn in eine stadtbekannte, renommierte Reinigung. Eine Woche später soll alles wieder in „frischem Glanz“ erstrahlen.

Leider zeigte sich nach dem Aufhängen des Stores das Gesamtbild des schmucken Heims erheblich gestört: Dieser Store warf nun über die gesamte Breite Wellen in Querrichtung. *„Bisher waren wir mit Ihrer Arbeit immer zufrieden“*, betonte das Ehepaar, *„aber jetzt muss Ihnen ein Fehler unterlaufen sein. Bestimmt sind Sie versichert.“*

Das Reinigungsunternehmen beteuerte im Reklamationsgespräch, bei der Bearbeitung korrekt vorgegangen zu sein. Der Store sei entsprechend den Herstellerempfehlungen gereinigt worden. Zur Klärung der Streitfrage wurde ein Gutachter hinzugezogen.

Die eingenähte Materialkennzeichnung weist die Stoffzusammensetzung mit 80 Prozent Polyester und 20 Prozent Polyamid aus. Die Untersuchung ergab, dass der doppellagige Tüll aus Polyester, die dazwischenliegenden, nur oben und unten angenähten Textilstreifen, aus Polyamid bestehen. Einen Saum, den man herauslassen könnte, hat der Store nicht.

Schadensursache

Wie ließ sich nun feststellen, ob die Gardine korrekt bearbeitet wurde? Die Kundin hatte noch einen Stoffrest aufgehoben. Von diesem Rest wurden zwei Proben genommen und exakt ausgemessen. Eine Probe wurde gereinigt, ohne dass es zu einem Maßverlust kam. Auch anschließendes Dämpfen und Bügeln brachte keinen Maßverlust.

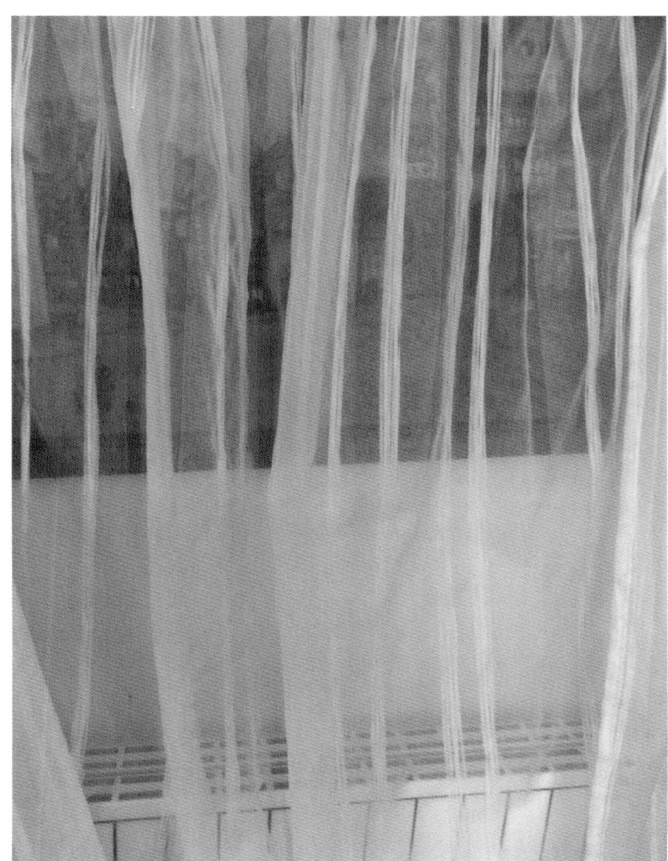

Durch die eingegangenen, innenliegenden Textilstreifen sind Wellen im Stoff entstanden.

Das zweite Stoffstück wurde gewaschen. Anschließendes Ausmessen zeigte, dass die Ware eingelaufen war. Dies kann weder durch Dämpfen noch durch Bügeln rückgängig gemacht werden. Bei der angegebenen Materialzusammensetzung, einer Mischung aus Polyester und Polyamid, ist ein Einlaufen der Ware jedoch ungewöhnlich. Ein Blick durch das Auflichtmikroskop gibt den entscheidenden Hinweis: Die Textilstreifen aus Polyamid bestehen nicht aus einem Gewebe oder einer Kettenwirkware, sondern aus einem Faservlies aus Polyamid. Dieses Faservlies verdichtete sich durch den Reinigungsprozess, obwohl die chemische Reinigung durch den Stoffhersteller empfohlen und bei korrekter Bearbeitung des Musters keine Schädigung/Veränderung aufgetreten war. Folglich musste der Reinigungsprozess fehlerhaft durchgeführt worden sein. Mögliche Ursache für diesen Effekt: Ein zu hoher Anteil an „freier“ Feuchtigkeit während des Reinigungsprozesses oder zu starke mechanische Einwirkung durch Überladung mit schwereren Stoffen, die fälschlicherweise in der selben Charge mitgereinigt wurden.

Wie das mikroskopische Bild zeigt, wurde das Faservlies im Herstellungsprozess durch sogenannte „Schmelzpunkte“ fixiert. Hierbei kommt es durch Erhitzen der Polyamidfasern über den

Schmelzpunkt hinaus zu einem Schmelzen der Fasern. Durch Abkühlung entsteht ein fixiertes Vlies. Aufgrund der im Vergleich zu einem Gewebe lockeren Struktur kann es durch zu hohe Feuchtigkeitseinwirkung in Verbindung mit mechanischer Bewegung, wie es während des Reinigungsprozess unvermeidbar ist, zu einer Maßänderung kommen.

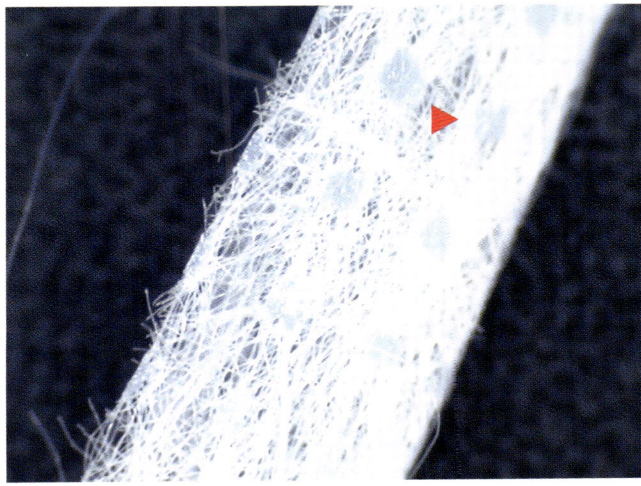

Die zehnfache Vergrößerung zeigt die symmetrisch angeordneten Schmelzpunkte auf dem Faservlies.

Schadensregulierung

Da der Reinigungsprozess fehlerhaft durchgeführt worden ist, ist das Reinigungsunternehmen für den entstandenen Schaden verantwortlich.

Der Sachverständige empfiehlt

Liegt eine Materialzusammensetzung aus Polyester und Polyamidfasern vor, drängt sich bei weißen Stores eine Waschbehandlung aufgrund der einschlägigen Verschmutzung auf. Ist allerdings eine Pflegempfehlung angebracht, die ausschließlich „chemisches Reinigen" empfiehlt, sollte diese auch beachtet werden. Allerdings ist das Reinigungsverfahren dem Material anzupassen. Sehr leichte Stoffe nicht mit schweren zusammen reinigen. Empfindliche Stoffe sind vor „freiem Wasser" in der Reinigungsflotte zu schützen. Obwohl Pflegeanleitungen oft fehlerhaft sind, sind sie auch bei Textilien, bei denen es zunächst nicht vermutet wird, mit Bedacht gewählt. Eine Nichtbeachtung führt im Schadensfall regelmäßig zu Schadensersatzansprüchen.

INFORMATION | STOFFZUGABEN

Eingelaufene Gardinen retten

Waschfalten sind Stoffzugaben, die bei Stores und Übergardinen eingearbeitet werden. Die Falte wird so dimensioniert, dass nach einem Einlaufen (Eingehen) der Gardine nur eine Naht aufgetrennt werden muss, um die Gardine wieder zu verlängern. Teilweise wird diese Stoffzugabe im unteren Bereich der Gardine eingearbeitet. Manchmal auch im oberen Bereich. Im Bereich der Waschfalte liegt der Stoff mehrlagig und ist deshalb je nach Stoffstruktur auch gegen das Licht, welches durch das Fenster einfällt, zu sehen. Eine durch das Waschen oder Reinigen kürzer gewordene Gardine kann durch Herauslassen einer Waschfalte oder eines Saumes „gerettet werden“.

33. Übergardinen: Gewebespannungen gelöst, Maßtoleranzen

Übergardinen auf „Hochwasser“

Die Übergardinen eines Hotels sind nach der Behandlung in der Reinigung um etwa 5 cm in der Höhe eingegangen. Dem Textilreiniger wird vorgeworfen, die Vorhänge falsch behandelt zu haben. Doch können Übergardinen trotz Reinigung im Schonverfahren (F) KWL-Lösemittel einlaufen?

Alles ist bestens organisiert. Die Hotelzimmer sind in der „ruhigen Zeit“ geblockt, sodass die Hausdame die Gardinenreinigung in Angriff nehmen kann. Die Stores/Gardinen werden in der hoteleigenen Wäscherei gewaschen, für die Reinigung der Übergardinen allerdings greift man auf den bewährten Dienstleister, mit dessen Arbeit man schon einige Jahre zufrieden ist, zurück.

Abholung, Reinigung und Auslieferung klappen wie immer reibungslos. Allerdings sind, zum Entsetzen der Hausdame, die Übergardinen etwa 5 cm in der Höhe eingegangen.

Das muss natürlich – möglichst sofort – dem Textilreiniger vorgeführt werden, der die Vorhänge wohl zu heiß gewaschen oder gebügelt hat. *„Seit Jahren sind wir zufriedene Kunden, aber jetzt haben Sie uns unsere Vorhänge versaut!“*, schallt es durchs Telefon.

Zum Besichtigungstermin wird ein Sachverständiger hinzugezogen. Die Übergardinen sind zweilagig gearbeitet. Die Lagen sind nur über die Befestigungssysteme an der Aufhängung miteinander verbunden. An der dem Fenster zugewandten Seite befindet sich ein Verdunklungsstoff, an der dem Zimmer zugewandten der eingegangene Dekostoff.

Ein breiter Saum ermöglicht eine Verlängerung des Vorhanges um ca. 10 cm. Allerdings sind damit Näharbeiten verbunden, die sich letztlich als Kosten niederschlagen. Insgesamt sind 15 Zimmer betroffen.

Im Gespräch stellt sich heraus, dass die Übergardinen zum ersten Mal zur Reinigung abgegeben worden sind. Das Alter wird mit zwei Jahren angegeben. Die Ist-Höhe der Übergardinen beträgt nach Bearbeitung 235 cm, die Soll-Höhe 240 cm. Daraus folgt, dass die Gardinen ca. drei Prozent eingegangen sind.

Können Übergardinen trotz Reinigung im Schonverfahren (F) KWL-Lösemittel einlaufen? Wurde zu heiß gereinigt oder gebügelt? Oder etwa doch gewaschen? Es wurde weder gewaschen noch zu heiß gereinigt oder gebügelt. Die Gardinen weisen keinerlei Anzeichen einer Fehlbehandlung auf.

Eine der kürzer geworde-nen Übergardinen.

Mehrere Stoffe der neuen Vorhänge waren betroffen.

Schadensursache

Der Gutachter nahm folgendermaßen Stellung und schrieb:

„Wie jedes Textilmaterial können Dekostoffe bei Reinigungsprozessen einlaufen, auch wenn die Behandlungsbedingungen auf die vom Hersteller empfohlene Pflegebehandlung abgestimmt waren. Die Ursache liegt in Restspannungen, die nach Abschluss des Produktionsprozesses noch im Gewebe verbleiben können.

Um die Textilbahnen faltenfrei durch die Ausrüstungsmaschinen der Webereien zu transportieren, müssen die Stoffe sowohl in Längs- als auch Querrichtung gespannt werden. Bei der Stoffproduktion bemüht man sich zwar, diese Spannungen nach Abschluss der Ausrüstung wieder zurückzunehmen und die Ware zu fixieren, damit später bei der Benutzung und bei Pflegebehandlungen keine Maßänderungen entstehen. Das gelingt jedoch nicht immer in vollem Umfang, sodass auch bei sachgemäß ausgerüsteten Textilien noch Restspannungen enthalten sein können. Diese führen dann bei einer späteren Entspannung durch Pflegebehandlung (Reinigung) zu einer Maßänderung.

Als handelsüblicher Toleranzbereich für das Eingehen von Dekostoffen bei der ersten Pflegebehandlung werden bis zu sechs Prozent angesehen. Das bedeutet also, dass Maßverluste in dieser Größenordnung vom Kunden in Kauf genommen werden müssen. Wurden allerdings in der Produktionskette die Spannungen versehentlich überhaupt nicht zurückgenommen, können Maßänderungen bis zu 25 Prozent auftreten.

Deshalb empfiehlt es sich, bei der Anfertigung von Dekostoffen die Entspannungskrumpfung durch Dekatieren bereits vor dem Konfektionieren (Nähen etc.) vorwegzunehmen."

Schadensregulierung

Mit diesem Schreiben konnte die Hausdame und schließlich der Raumausstatter bewogen werden, selbst für die Beseitigung des entstandenen Schadens aufzukommen. Die Kosten für Ab- und Aufhängen, den Transport und das Umnähen der Gardinen konnte der Reinigungsbetrieb auf diese Weise einsparen. Letztlich bedankte sich die Hausdame sogar bei dem Textilreinigungsbetrieb: für die prompte Reaktion und die aussagekräftige Argumentationshilfe für das Gespräch mit dem Lieferanten der Übergardinen.

Der Sachverständige empfiehlt

Bei unbekannten Stoffen kann es, falls organisatorisch möglich, hilfreich sein, zunächst einen Vorhang auszumessen und Probe zu reinigen. Zeigt sich nach der Reinigungsbehandlung eine Massänderung, sollte mit dem Kunden Rücksprache bezüglich der weiteren Vorgehensweise gehalten werden.

Darüber hinaus könnte man dem Hotel und anderen Kunden anbieten, vor der nächsten Neuanschaffung Reinigungstests durchzuführen, um die Qualität und Pflegbarkeit der angebotenen Ware besser beurteilen zu können.

INFORMATION | FACHBEGRIFF

Was bedeutet dekatieren?

Dekatieren beschreibt in der Textilindustrie ein Veredelungsverfahren für Stoffe aus Schurwolle und Schurwollmischgeweben. Dabei wird das Gewebe mit Wasserdampf unter Druck behandelt und schrumpft ein. Ein nachträgliches Eingehen der fertigen Textilien wird verhindert.

In der Textilreinigungsbranche wird der Begriff dafür verwendet, noch nicht zugeschnittene Stoffbahnen großflächig zu dämpfen, um Spannungen, die sich durch die Produktion noch im jeweiligen Stoff befinden, herauszulösen.

Ein Eingehen des Stoffes im Rahmen einer späteren Lösemittelbehandlung kann damit vermieden werden.

34. Teppich: Verschleiß statt unsachgemäßer Reinigung

„Der Teppich hält Sie aus“

Ein Orientteppich sollte möglichst ein Leben lang halten. Die Qualität eines Teppichs wird für den Kunden meist erst nach einigen Jahren des Gebrauchs deutlich. Landet ein verschlissener Teppich in der Teppichreinigung und treten Vorschädigungen sichtbar zutage, wird die Schuld oft beim Teppichwäscher gesucht.

Es liegt nun mehr als 30 Jahre zurück, da kaufte sich Frau Schmidt von ihren Ersparnissen einen echten Orientteppich. Frau Schmidt war Modeberaterin in einem angesehenen Bekleidungshaus und der Mann ihrer Kollegin Teppichverkäufer in einem der führenden Teppichhäuser der Stadt. *„Meine Freundin und ich sind damals mit dem Verkäufer, Herrn Meyer, sogar in die nächstgelegene Großstadt gefahren, um uns weitere Teppiche anzusehen.“* Frau Schmidt entschied sich für einen „Indischen Mir“.

Durch jahrelange Nutzung als Bodenteppich sind erhebliche Schädigungen eingetreten.

Bei diesen Teppichen handelt es sich in der Regel um Musternachknüpfungen persischer Teppiche, die in Indien gefertigt werden. Die Knotenzahl des beanstandeten Teppichs beträgt pro Quadratmeter etwa 120.000 Knoten. Es handelt sich um einen geschichteten Teppich. Der Flor besteht aus Schurwolle, das Grundgewebe aus Baumwolle.

„Der Teppich hält Sie aus, Frau Schmidt." Das war das Verkaufsargument. Der für Frau Schmidt sehr teure Teppich sollte für den Rest des Lebens schön und benutzbar sein und möglichst noch im Wert steigen.

Schadensbild

Vielleicht hatte Herr Meyer nicht mit den weiteren großen Fortschritten der Medizin gerechnet und Frau Schmidt *„keine 30 Jahre mehr zugetraut"*. Jedenfalls wurde der Teppich im Jahre 2013 zum ersten Mal zur Wäsche in eine Teppichreinigung gegeben. Das Wareneingangsprotokoll des Fachbetriebes vermerkt dazu: *„Stark verschmutzt, schwarze Flecken, Fransen defekt, Kanten defekt."* Die professionelle Teppichwäsche machte die Vorschädigungen in ihrem gesamten Ausmaß sichtbar. Im Laufe der Jahre sind durch die Benutzung als Bodenteppich erhebliche Schädigungen eingetreten. An vielen Stellen ist der Flor stark reduziert. Außerdem befinden sich auf dem Teppich zahlreiche weiße Stellen.

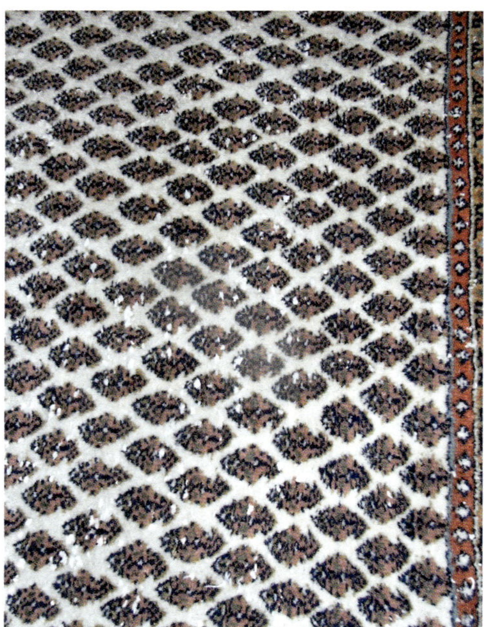

An vielen Stellen ist der Flor des „Indischen Mir" stark reduziert, und weiße Stellen treten hervor.

Schadensursache

Die äußerst enttäuschte Kundin ruft beim Teppichhaus, von dem sie damals den Teppich bezogen hat, an und schildert ihre negative Erfahrung. Dort erhält sie die telefonische (!) Auskunft, dass da wohl etwas mit der Teppichwäsche nicht in Ordnung gewesen war. *„Da haben die wohl* *mit ihren Maschinen zu hart gebürstet."* Wie so oft: Ein unbedachtes Wort aus den Reihen des Einzelhandels macht den Textilreinigern und Wäschern das Leben schwer.

Natürlich handelt es sich bei der Schädigung um Verschleiß. Die Haltbarkeit eines Teppichs wird neben der Pflege und der Beanspruchung durch Gebrauch von zwei wichtigen Kriterien bestimmt: der Qualität der Wolle und der Knüpfdichte. Bei dem vorliegenden Teppich handelt es sich um qualitativ weniger hochwertige Wolle und eine Knotenzahl pro Quadratmeter, die im unteren Bereich liegt. Entsprechend werden diese Teppiche auch preislich günstiger angeboten.

Aus diesen Gründen stellt ein Teppich dieser Qualität keine Wertanlage dar, sondern ist ein Gebrauchsgut, das einem normalen Verschleiß unterliegt. Insofern hatte der Verkäufer vielleicht doch recht mit der Aussage: *„Der Teppich hält Sie aus."* Er reicht mit seiner Haltbarkeit eben nicht über die Lebenszeit der Käuferin hinaus.

Wertverlust durch Alterung und Gebrauch

Es gibt sie wirklich, die Teppiche, die etliche Jahrzehnte alt sind und keine Schädigungen aufweisen. Das Zusammenspiel von Qualität der Wolle, Verarbeitung, Knüpfdichte, Pflege und Gebrauchseinflüssen ist in diesen Fällen optimal. Kommt dann noch ein Seltenheitswert dazu, können diese Teppiche bei Versteigerungen unglaubliche Summen einbringen. Die Regel sind jedoch (leider) Teppiche, die wie alle anderen Textilien auch durch Alterung und Gebrauch an Wert verlieren.

Zurück zu dem angesprochenen Schadensfall. Es bleibt noch die Frage nach den verbliebenen weißen Stellen im Teppich. Bei diesen „Flecken" handelt es sich um den an diesen Stellen durchscheinenden, oberen Kettfaden aus Baumwolle. Bei vielen Orientteppichen verlaufen die Kettfäden nicht auf gleicher Höhe, wie man es bei den meisten Geweben antrifft. Um eine höhere Dichte des Teppichs zu erzielen, verläuft jeder zweite Kettfaden beispielsweise 2 bis 3 mm höher als die übrigen Kettfäden. Man spricht von geschichteter Ware.

Ist der Flor geschädigt und reduziert, stößt man als Erstes auf das höhergelegene Kettfadensystem. Durch die Wäsche ist die Baumwolle wieder hell geworden, sodass die durchscheinenden Kettfäden an den entsprechenden Stellen gut sichtbar sind.

Von manchen findigen Teppichhändlern werden diese hellen Stellen während des Wartens auf den nächsten Kunden mit Filzstift „retouchiert", also angemalt, damit die Schäden auf den ersten Blick nicht sichtbar sind.

Der Sachverständige empfiehlt

Schädigungen an Teppichen können durch eine Teppichwäsche offenbar werden. Die Mehrzahl aller Teppiche verliert durch Alterung (Farbstoff- und Faserabbau, Wandel der Mode) und die Folgen des Gebrauchs an Wert. Wirklich wertvolle Teppiche sind vergleichsweise selten.

35. Teppichreinigung: Strichrichtung wiederherstellen

Eine Wohnung ist kein Museum

Drei Jahre dauerte ein Prozess, der sich mit der Reinigung von Orientteppichen befasste. Ein Kunde klagte, dass die Teppiche an Halt und Leuchtkraft verloren hatten und dunkle Flecken aufwiesen. Insgesamt wurden drei Gutachten erstellt, acht Zeugen geladen und mehrere Sachverständige für Teppichreinigung zurate gezogen.

Am Anfang stand ein Teppichreinigungsauftrag für einen Raumausstatter, der sich um die Abholung und die Rücklieferung von acht Orientteppichen kümmerte. Er kooperierte mit einer Teppichreinigung.

Nach der Auslieferung der gereinigten Ware wurden zwei der acht Orientteppiche reklamiert. Die Teppichwäscherei holte die Exemplare ab und arbeitete erneut daran. Acht Tage später reklamierte der Kunde zwei weitere Teppiche des Waschauftrages und schaltete einen Sachverständigen für Orientteppiche ein. Dieser war von der Industrie- und Handelskammer öffentlich bestellt und für den Handel von Orientteppichen ausgebildet und vereidigt, nicht jedoch für den Bereich Teppichwäsche bzw. Teppichreinigung. Die öffentliche Bestellung und Vereidigung von Sachverständigen für Teppichreinigung ist den Handwerkskammern vorbehalten. Das sieht auch das Landgericht in seinem späteren Urteil so:

> *„Die für den vorliegenden Fall maßgebliche Feststellung war auch von einem Sachverständigen für Teppichreinigung zu beantworten. Die zu entscheidende Frage, ob eine Beschädigung durch die Beklagte als Teppichreinigungsunternehmen erfolgt ist, erfordert die Kenntnisse eines Sachverständigen für Teppichreinigung. Einem Sachverständigen für Orientteppiche wäre zwar die Feststellung möglich gewesen, dass und welche Schäden an den Teppichen vorliegen; die Art und Weise der Schadensentstehung fiele aus deren Sachgebiet hingegen heraus (...). Gerade auch für die Frage, ob etwaige bereits vorhandene Gebrauchsspuren verdeckt waren, ist die Einholung eines Gutachtens eines Sachverständigen für Teppichreinigung angezeigt, da diesem die Auswirkungen der Reinigung auf den Teppich am geläufigsten sind."*

Fehlerhafte Auswahl des Sachverständigen

Durch die fehlerhafte Auswahl des Sachverständigen und weil dieser sich fälschlicherweise zuständig fühlte, kam es, wie es kommen musste. Der Sachverständige beschrieb die Teppiche ausführlich, ordnete sie in die richtige Provenienz ein und führte in Bezug auf die Teppichreinigung aus: *„Bei den Teppichen handelt es sich um Luxus-Einrichtungsgegenstände, die in erster*

Linie von ihrem Erscheinungsbild leben. Da dieses bei allen Teppichen durch die Wäsche in hohem Maße in Mitleidenschaft gezogen wurde, ist der eigentliche Verwendungszweck eines Dekorationsgegenstandes nicht mehr gegeben.“ Weitere Ausführungen zur Teppichwäsche wurden in diesem Gutachten nicht gemacht. Als Wertminderung der Teppiche errechnete der Sachverständige einen Betrag von insgesamt 23.850 Euro.

„Die reklamierten Orientteppiche wurden in hohem Maße in Mitleidenschaft gezogen, sodass sie ihren Zweck als Dekorationsgegenstand nicht mehr erfüllen können.“ So schätzte der Sachverständige für Orientteppiche den Sachverhalt ein.

Mit diesem Gutachten beanstandete der Kunde neben den reklamierten vier Teppichen noch zwei weitere Teppiche. Der Teppichreiniger wandte sich daraufhin an seine Versicherung. Diese beauftragte ein Gutachten bei einem von der Handwerkskammer bestellten und vereidigten Sachverständigen für Teppichreinigung. Der betroffene Kunde, der die Seidenteppiche ausschließlich als Wandbehang nutzte, reklamierte, dass die Teppiche an Halt und Leuchtkraft verloren hatten. Außerdem waren sie mit „größeren dunklen Flecken“ versehen.

Das zweite Gutachten kam zu dem Ergebnis, dass bei keinem der sechs Teppiche eine nennenswerte Schädigung vorliege. Es seien zwar bei manchen Teppichen innerhalb der ursprünglich gleichen Farben Unterschiede festzustellen, jedoch mache dieser „Abrash“ den Reiz von handgeknüpften Orientteppichen aus. Handgeknüpfte Teppiche haben eine sogenannte „Strichrichtung“. Der Flor steht also nicht genau senkrecht, sondern in eine bestimmte Richtung. Durch das Waschen oder Reinigen des Teppichs kann diese Richtung teilweise aufgehoben werden. Je nach Beleuchtung und Blickwinkel entstehen dunkle Stellen, die aber nur bei bestimmten Lichtverhältnissen zu sehen sind. Durch Dämpfen und vorsichtiges Bürsten kann die Strichrichtung wiederhergestellt werden. Hierbei handelt es sich jedoch nicht um eine fehlerhafte Bearbeitung durch die Teppichwäscherei, sondern um eine noch nicht durchgeführte Finishbehandlung. Die Teppiche, einstmals als Wertanlage gekauft, waren durch die Einflüsse von Tageslicht, Staub und normaler Umgebungsluft nach der Wäsche altersgemäß etwas verändert.

Kunde zog dennoch vor Gericht

Das Sachverständigengutachten konnte den Kunden nicht umstimmen, und er zog vor Gericht. Bevor dieses ein drittes Gutachten in Auftrag gab, vergingen zwei Verhandlungstage. Das gerichtliche Gutachten kam zu dem gleichen Ergebnis wie das zweite. Aber der Kunde wollte noch nicht aufgeben. Er führte weitere Beweismittel an. Darunter vor allem acht Zeugen, die bestätigen sollten, dass die Reinigung die Teppiche beschädigt hatte. Außerdem wurde die Einvernahme des Sachverständigen vor Gericht beantragt. Diesen Anträgen von der Klägerseite musste der Richter stattgeben, da im Zivilrecht die Parteien bestimmen, welche Beweise erhoben werden. Auch in Fällen, in denen der Richter die Beweislage als ausreichend für ein Urteil erachtet, kann er die Beweisanträge der Parteien nicht ohne Weiteres ablehnen. Die Parteien haben einen Anspruch auf „rechtliches Gehör". Dieses darf der Richter nicht eigenmächtig einschränken. So erfolgte die Einvernahme des Sachverständigen vor Gericht, wo er die Situation erläuterte. Für die Zeugenvernehmung nahm sich der Richter besonders viel Zeit; jeder von ihnen wurde einzeln vernommen. Auch im Urteil, das aus 23 eng beschriebenen Seiten besteht, ist dieser Zeugenvernehmung viel Raum gewidmet. Die Zeugin K. G. sagte aus, *sie könne nicht genau sagen, ob die im Haus aufgehängten Teppiche jetzt anders aussähen als früher, sie habe sich die Teppiche nicht genau angesehen*. Auf die Frage des Gerichts an den Zeugen H. G., ob die Teppiche vor der Reinigung anders gewesen seien, sagte dieser: *„Man schaut doch da eigentlich nicht hin. Man sieht die Teppiche da hängen. Man beurteilt sie nicht jedes Mal."* Die Zeugin A. gab an, dass sie die Veränderungen *„eigentlich auch ohne Hinweis des Klägers"* erkannt habe. Sie hatte sich jedoch die Teppiche vor der Reinigung nicht intensiv angesehen. Der Zeuge W. E. sagte aus, dass er sich die Teppiche vor der Reinigung nicht genauer angesehen habe. Der Kläger habe ihn jedoch auf die Mängel nach der Reinigung aufmerksam gemacht. Diese könne er auch bestätigen.

Ein zweiter Sachverständiger für Teppichreinigung sah das anders: Für ihn machen Farbunterschiede den Reiz von handgeknüpften Orientteppichen aus. Dunkle Stellen können durch Dämpfen und Bürsten wiederhergestellt werden.

Es stellte sich heraus, dass alle vom Kunden der Teppichreinigung beantragten Zeugenaussagen nicht verwertbar und ungeeignet waren, den gewünschten Beweis zu erbringen. Denn einige der Befragten konnten die Teppiche nicht mehr korrekt den einzelnen Räumen des Klägers zuordnen. Zudem verwickelten sie sich in Widersprüche. Darüber hinaus konnten sich zwei Zeugen nicht mehr an den Zustand der Teppiche vor der Reinigungsbehandlung erinnern. Die protokollierte Zeugenanhörung weist für jeden der acht Zeugen zwei bis drei Seiten Protokoll auf. Nach mehr als drei Jahren wurde nun das Urteil gesprochen: Die Klage wurde abgewiesen. Die Teppichreinigung hatte gewonnen. Am Ende kostete das Verfahren den Inhaber der Teppichreinigung viel Zeit und Nerven. Auch für das Gericht war es mit einem sehr hohen Zeitaufwand verbunden. Die Hauptkosten dieses Rechtsstreites trägt die Rechtschutzversicherung des Kunden.

Der Sachverständige empfiehlt

Aus Sicht des Sachverständigen ist es besonders nach der Bearbeitung von hochwertigen Seidenteppichen wichtig, die Strichrichtung auf der ganzen Fläche herzustellen und dies aus allen vier Blickrichtungen im Gegenlicht zu kontrollieren. Unregelmäßigkeiten im Strich ergeben für den Betrachter dunkle Flecken, die als Anknüpfungspunkt für weitere „Unzufriedenheiten“ dienen können. Durch vorsichtiges Dämpfen und Bürsten in Strichrichtung kann so eine höhere Kundenzufriedenheit erreicht werden.

Dem Textilreiniger ist längst klar: Auch Teppiche können im Laufe der Jahre an Substanz und Farbe verlieren. Schädigungen, die durch die Verwendung der Teppiche im Laufe der Jahre entstehen, können durch eine Teppichwäsche offenbart werden. Eine gewisse Ungleichmäßigkeit macht auch den Reiz von wertvollen Handarbeiten aus, gerade in einer Welt, in der immer mehr genormt und exakt vermessen ist.

V. Schadensbearbeitung

1. Kundengespräch bei Reklamationen

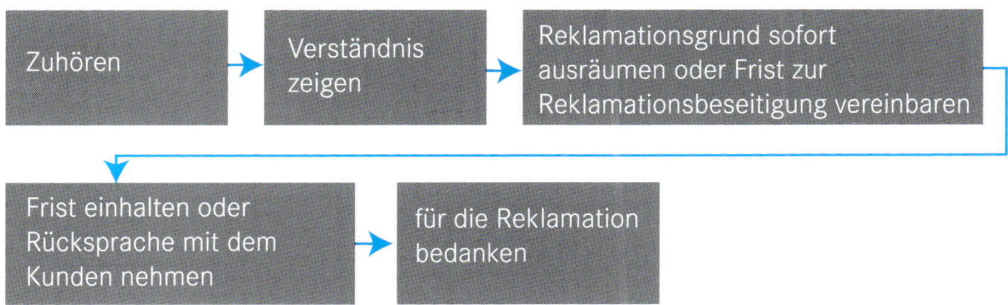

Reklamationen, die sich nicht einfach beheben lassen:

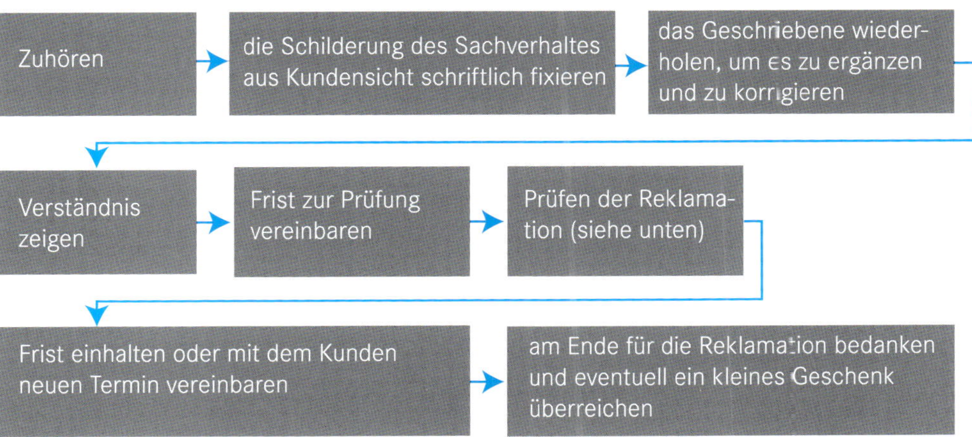

In beiden Fällen wird seitens der Textilreinigung nicht von einer Schuld gesprochen. Von einem Verschulden sollte erst gesprochen werden, nachdem die Reklamation ausreichend analysiert ist, also zu einem späteren Zeitpunkt.

2. Ermittlung der Schadensursache und einfache Untersuchungsmethoden

Aus der fachlichen Ermittlung der Schadensursache ergeben sich Hinweise für die Entstehung des Schadens und gegebenenfalls Anregungen, die betrieblichen Abläufe zu optimieren.

Vorgehensweise bei der Ermittlung der Schadensursache

Die vorgeschlagene Vorgehensweise soll helfen, sämtliche Informationen, die zur Schadensregulierung notwendig sind, zu erfassen.

Aufnehmen der Daten des Textils

Auftragsnummer/Name: ____________________

Artikelbezeichnung: ____________________

Stückzahl: ____________________

Marke/Hersteller: ____________________

Farbe: ____________________

Materialkennzeichnung: ____________________

Pflegekennzeichnung: ____________________

Zusätzliche im Textilstück befindliche Hinweise: ____________________

Größe: ☐ gemessen ☐ von der Kennzeichnung abgelesen

Beschreibung der reklamierten Schädigung: ____________________

____

____

Datum, Ort: ____________________

Unterschrift: ____________________

Feststellen der Schädigung oder des Reklamationsgrundes

Wichtig ist eine korrekte Beschreibung der Schädigung, die der Kunde reklamiert. Beispielsweise kann der Kunde an einem verfilzten Sakko lediglich die beschädigten Knöpfe bemängeln. In diesem Fall ist es zielführender, sich auf die Klärung dieses Sachverhaltes zu konzentrieren und die Verfilzung nicht zu thematisieren.

Schadensbehebung

Im Reklamationsfall hat die Mängelbeseitigung und Nachbesserung einen besonderen Stellenwert. Viele reklamierte Textilien können nachgebessert werden. Wellenbildung, Einlaufschäden, Bildung von Pilling und Gewebeverschiebungen sind Reklamationsgründe, die häufig durch sorgfältige Nacharbeit beseitigt werden können. Knöpfe können angenäht, Nähte geschlossen und Bügelfehler beseitigt werden. Darüber hinaus können Textilien nachgefärbt werden. Erfahrung, Fachwissen und Findigkeit können bei der Reklamationsbeseitigung ausgespielt werden. Nutzt man die Möglichkeit, Kunden im Rahmen einer Reklamation zufriedenzustellen, belohnen diese den Betrieb, indem sie nicht selten treue Stammkunden werden. Eine behobene Reklamation birgt auch den Vorteil, dass sich weitere Dispute und Kundenforderungen erübrigen.

Feststellen der Ursache der Schädigung

In manchen Fällen ist die Ursache der Schädigung offensichtlich. Beispielsweise, wenn nach der Wäsche beim Öffnen der Beladetüre ein Kugelschreiber auf den Boden fällt und alle Wäscheteile mit Kuliflecken versehen sind. Andere Schadensbilder erfordern weitere Abklärung, um der Schadensursache auf die Spur zu kommen. Erfahrung, Fachwissen und labortechnische Untersuchungen können zur Ermittlung der Schadensursache beitragen.

Fasererkennung mit einfachen Methoden

Die Textilkennzeichnung, die in den allermeisten Fällen auch korrekt die Zusammensetzung der Textilien benennt, ist meist am Textil angenäht. Ist keine Textilkennzeichnung angebracht oder besteht Grund zur Annahme, dass sie fehlerhaft ist, kann mit einfachen Methoden festgestellt werden, um welches Material es sich handelt. Sie reichen in der Praxis häufig aus, ersetzen aber keine labortechnische Analysenmethode wie z. B. mikroskopische Untersuchungen.

Knitterprobe:

Zellulosefasern und Seide haben im Vergleich zu anderen Fasern eine schlechte Knittererholung. Befeuchtet man einen kleinen Bereich eines Stoffes und knüllt ihn stark zusammen, bilden sich viele Falten. Haben sich nach dem Öffnen des geknitterten Stoffes dauerhaft Falten gebildet, handelt es sich um Zellulosefasern oder um Seide. Verschwinden die Knitter durch Straffen des Stoffes, handelt es sich um Wolle oder eine synthetische Faser.

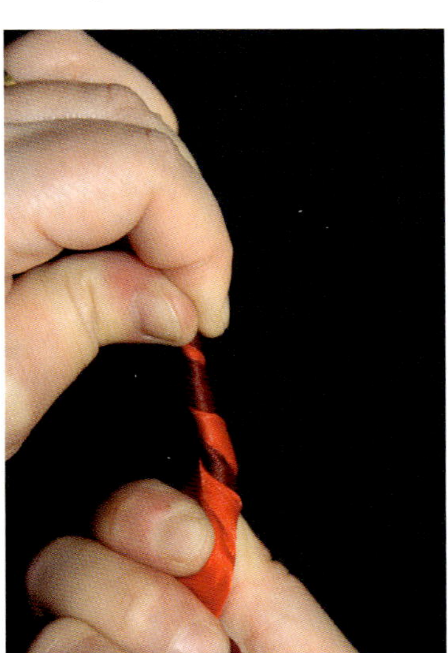

Knitterprobe: Polyester

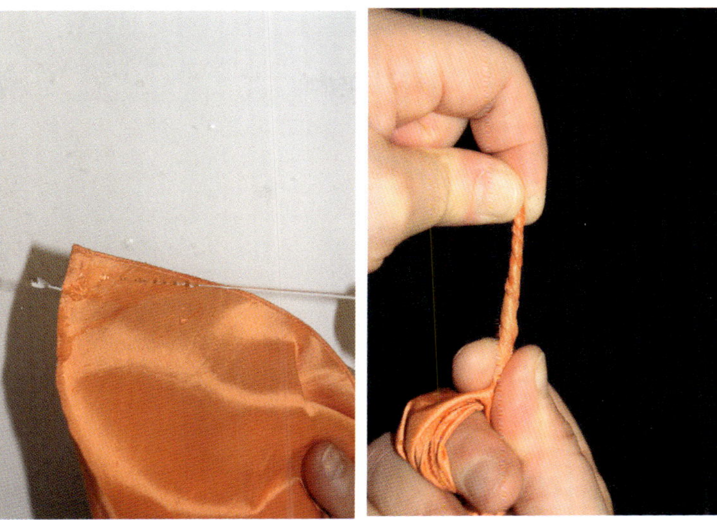

Knitterprobe: Seide

Brennprobe und Löslichkeitsprobe:

Mithilfe der Brennprobe lassen sich in der Regel ausschließlich textile Fasern identifizieren, die nur aus einem Fasermaterial bestehen. Fasermischungen entziehen sich einer einfachen Identifikation durch die Brennprobe. Die Löslichkeitsprobe stellt bereits höhere Ansprüche an die Ausstattung eines Textilreinigungsbetriebs.

		Brennprobe			Löslichkeitsprobe
	Faserart	Verbrennung	Geruch	Rückstand	
Baumwolle	Zellulose	rasch, hell, nachglühend	nach verbranntem Papier	hellgraue Flugasche	Zersetzung in starker Säure
Leinen	Zellulose	rasch, hell, nachglühend	nach verbranntem Papier	hellgraue Flugasche	Zersetzung in starker Säure
Viskose	Zellulose (regeneriert)	rasch, hell, nachglühend	nach verbranntem Papier	hellgraue Flugasche	Zersetzung in starker Säure
Acetat	Zellulose	schmilzt, brennt brodelnd, tropft	stechend essigsauer	kalt, unzerreibbar, hart	Aceton
Wolle	Kreatin (Eiweiß)	langsam, brodelnd, neigt zum Verlöschen	nach verbranntem Horn	zerreibbare Schlacke	starke Lauge löst Wolle, starke Enzymlösung (Protease) löst Wolle
Seide	Fibroin (Eiweiß)	langsam, brodelnd	nach verbranntem Horn	zerreibbare Schlacke	Schwefelsäure löst Seide, starke Lauge löst Seide
Polyester	synthetisch	schrumpft, schmilzt, brennt, tropft, rußt, Schmelze zieht Fäden	nach verbranntem Plastik	in abgekühltem Zustand unzerreibbar hart	Dichlorbenzol löst Polyester, Schwefelsäure löst Polyester

		Brennprobe			Löslichkeitsprobe
	Faserart	**Verbrennung**	**Geruch**	**Rückstand**	
Polyamid	synthetisch	schrumpft, schmilzt, brennt, Schmelze zieht Fäden	nach verbranntem Plastik	in abgekühltem Zustand unzerreibbar hart	Ameisensäure löst Polyamid, Salzsäure löst Polyamid
Polyacryl	synthetisch	schrumpft, schmilzt, brennt, tropft, rußt	nach verbranntem Plastik	in abgekühltem Zustand unzerreibbar hart	Dimethylformadid löst Polyacryl, Salpetersäure löst Polyacryl
Polypropylen	synthetisch	schrumpft schmilzt, brennt, tropft	nach verbranntem Plastik	in abgekühltem Zustand unzerreibbar hart	Xylol löst Polypropylen
Polyvinylchlorid	synthetisch		nach verbranntem Plastik		Unterscheidung durch Beilsteinprobe
Elasthan			nach verbranntem Plastik	in abgekühltem Zustand unzerreibbar hart	Cyclohexanon löst Polyurethan, Dichlorbenzol löst Polyurethan

- **Reißprobe**

  - **Nassreißprobe**

    Die Nassreißprobe dient zur Unterscheidung von Baumwolle und Viskose- bzw. Cuprofasern. Da die Reißfestigkeit der Baumwollfaser im nassen Zustand zunimmt, reißt die Baumwolle bei einem zur Hälfte befeuchteten Garn an der trockenen Hälfte. Die Festigkeit von Viskose und Cupro nimmt im nassen Zustand ab. Deshalb reißt ein zur Hälfte nasses Viskosegarn an der nassen Stelle.

  - **Trockenreißprobe**

    Die Trockenreißprobe dient der Unterscheidung von Baumwolle und Leinen. Baumwolle reißt mit büschelartiger Rissstelle, Leinen reißt mit besenartiger Rissstelle.

Daumenprobe zur Feststellung der Gewebefestigkeit

Bei der Daumenprobe handelt es sich um eine erste orientierende Überprüfung der Gewebefestigkeit. Das zu untersuchende Textil wird jeweils mit Zeigefinger und Daumen unter Krafteinwirkung gut festgehalten. Dabei berühren sich Daumen und Zeigefinger beider Hände. Um den Test zu starten, wird versucht, die waagrecht stehenden Daumen in eine senkrechte Position zu bringen. Dadurch wird eine Kraft auf das Gewebe ausgeübt, die das Gewebe zum Zerreißen bringen kann. Feste Gewebe lassen sich auf diese Weise nicht zerreißen. Geschädigte Gewebe brechen fast ohne Krafteinwirkung durch.

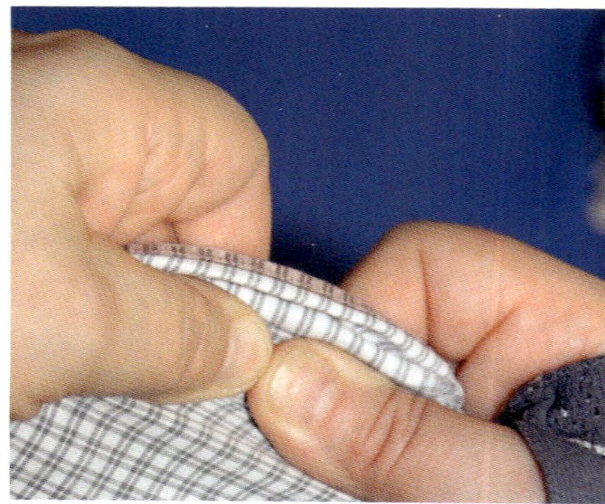

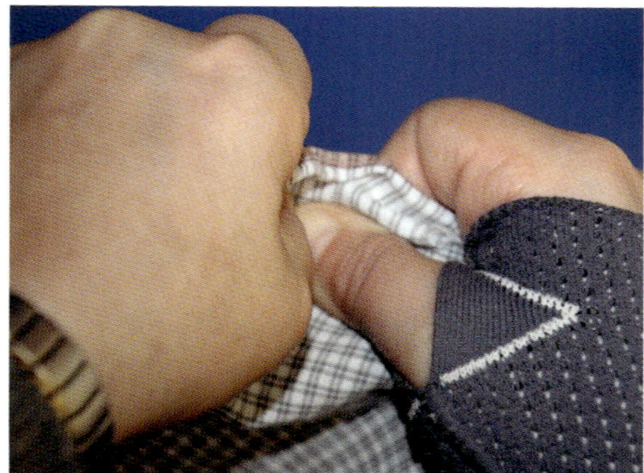

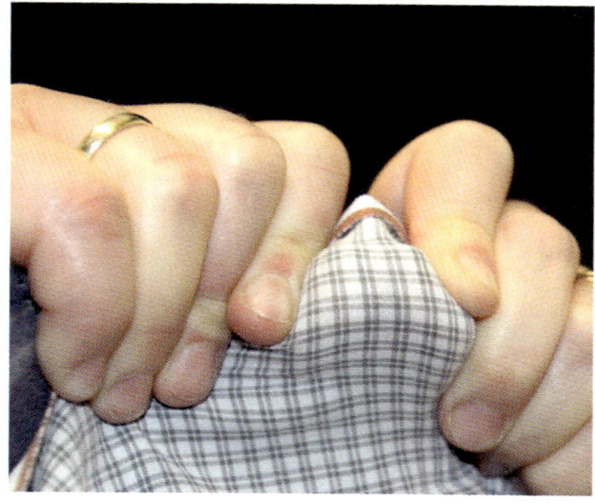

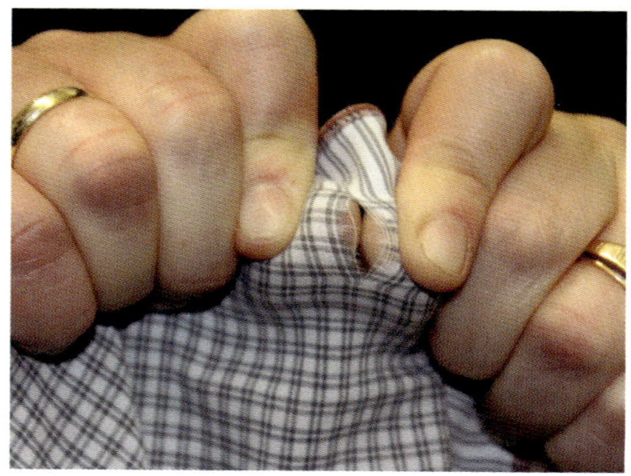

Schiedstellen und Sachverständige

Einige Schadensfälle lassen sich nur mithilfe externer Fachleute klären. Manche Wasch- und Hilfsmittellieferanten bieten als Service eine Schadensfallbegutachtung an. Zudem gibt es in Deutschland sieben Schiedsstellen für Textilpflege, die mit Vertretern von Verbrauchern, Textilhändlern und Textilreinigern besetzt sind und ebenfalls eine Schadensfallbegutachtung durchführen (Stand Februar 2015). Auch Sachverständige für das Textilreinigerhandwerk können eine externe Begutachtung durchführen.

Schiedsstellen

BADEN-WÜRTTEMBERG

Schiedsstelle für Textilpflege Baden-Württemberg
c/o Handwerkskammer Freiburg im Breisgau

Bismarckallee 6

79098 Freiburg

Telefon: 0761 21705070 (ausschließlich Anrufbeantworter)

E-Mail: info@sv-schiedsstelle.de

Ausführliche Informationen: www.sv-schiedsstelle.de

BAYERN

Schiedsstelle für Textilreinigungsreklamationen
c/o Textilreiniger-Innung

Oberauer Str. 6

81375 München

Telefon: 089 563327

Telefax: 089 5805852

E-Mail: info@btv-online.de

HAMBURG

Textilreiniger-Innung Hamburg

Holstenwall 12

20355 Hamburg

Telefon: 040 352794

E-Mail: t-b-innung@web.de

HESSEN

Schiedsstelle für Textilreinigungsreklamationen der Innung Hessen

Offenbacher Str. 24

63165 Mühlheim

Telefon: 06108 991770

NORDRHEIN-WESTFALEN

Textilreiniger-Innung Köln-Bonn

Frankenwerft 35

50667 Köln

Telefon: 0221 2070419

RHEINLAND-PFALZ

Untersuchungsstelle für Textil- und Reinigungsreklamationen c/o Textilreiniger-Innung Rheinland-Pfalz

Hoevelstr. 19

56073 Koblenz

Telefon: 0261 40630-16

Telefax: 0261 40630-30

SACHSEN

TU Dresden – Institut für Textilmaschinen und Textile Hochleistungswerkstofftechnik (ITM)

Hohe Str. 6

01069 Dresden

Telefon: 0351 46339304

Verbraucherzentrale Sachsen

Beratungszentrum Dresden

Fetscherplatz 3

01307 Dresden

Telefon: 0351 4593484

In allen Schiedsstellen werden auch Aufträge aus anderen Bundesländern bearbeitet.

Sachverständige

Als weitere Möglichkeit besteht die Beauftragung von öffentlich bestellten und vereidigten Sachverständigen für das Textilreinigerhandwerk. Die Begutachtung von Schadensfällen aus dem Tätigkeitsbereich Wäscherei und Reinigung fällt, auch wenn es wie in Industriewäschereien in großem Maßstab durchgeführt wird, in den Zuständigkeitsbereich der Sachverständigen für das Textilreinigerhandwerk, die von der jeweiligen Handwerkskammer ausgebildet und überwacht werden. Bei Beschwerden über vermeintlich fehlerhafte Gutachten oder fachliche Mängel bei der Gutachtenerstellung kann man sich an die zuständige Handwerkskammer wenden. Deren Aufgabe ist es, die Sachverständigen und deren Fortbildung zu überwachen. Selbst ernannte Sachverständige unterliegen keiner Aufsicht und auch keiner Weiterbildungsverpflichtung, sie sollten deshalb nur in Ausnahmefällen herangezogen werden. Eine Auflistung aller öffentlich bestellten und vereidigten Sachverständigen für Textilreinigung und Wäscherei findet sich im Internet in der bundeseinheitlichen Sachverständigendatenbank des Handwerks www.svd-handwerk.de. Wer selbst gerne als Sachverständiger tätig wird, findet entsprechende Informationen auf den Internetseiten seiner örtlich zuständigen Handwerkskammer und auf der Internetseite des Deutschen Textilreinigungsverbandes, Bonn (DTV), www.dtv-bonn.de.

3. Gesetzliche Rahmenbedingungen und AGB

Um die Verantwortlichkeit von Schadensfällen beurteilen zu können, ist es wichtig, auch über einige gesetzliche Rahmenbedingungen informiert zu sein. Grundlage eines jeden Auftrages, den ein Textilreinigungsbetrieb ausführt, ist ein Vertrag. Dieser wird durch Abgabe der Textilien zur Reinigung oder Wäsche und deren Annahme durch den Betrieb geschlossen. Das Vertragsverhältnis zwischen dem Kunden und dem Betrieb wird dabei durch das Bürgerliche Gesetzbuch (BGB) und durch Allgemeine Lieferbedingungen (AGB) geregelt. Der Vertrag bedarf nicht der Schriftform, er kann mündlich oder durch entsprechende Handlungsweise geschlossen werden.

Werkvertrag

§ 631 BGB Vertragstypische Pflichten beim Werkvertrag

(1) Durch den Werkvertrag wird der Unternehmer zur Herstellung des versprochenen Werkes, der Besteller zur Entrichtung der vereinbarten Vergütung verpflichtet.

(2) Gegenstand des Werkvertrages kann sowohl die Herstellung oder Veränderung einer Sache als auch ein anderer, durch Arbeit oder Dienstleistung herbeizuführender Erfolg sein.

Der Textilreinigungsvertrag ist in der Regel gemäß §§ 631 ff BGB ein Werkvertrag, der auf ein erfolgreiches Werk, also z. B. saubere, schön gebügelte Textilien, ausgerichtet ist. Diese sogenannte Hauptvertragspflicht ist fehlerhaft erfüllt, wenn die durch eine sachgemäße Bearbeitung mögliche Leistung nicht erbracht worden ist. So können ungenügende Sauberkeit, unzureichende Fleckbehandlung oder schlechte Bügelarbeit Reklamationen wegen Nichterfüllung der

Vertragspflicht auslösen. Durch Nachbesserung lassen sich in der Regel solche Reklamationen erledigen. Das Recht auf Nachbesserung lässt sich aus dem BGB ableiten.

Im Reklamationsfall ergeben sich zwei Anspruchsgrundlagen für den Kunden: zum einen aus dem geschlossenen Vertrag und zum anderen aus § 823 Abs. 1 BGB, dem Paragraphen zur Schadensersatzpflicht (siehe unten).

Haftung nur bei Fahrlässigkeit und Vorsatz

§ 276 Verantwortlichkeit des Schuldners

(1) Der Schuldner hat Vorsatz und Fahrlässigkeit zu vertreten, ...

(2) Fahrlässig handelt, wer die im Verkehr erforderliche Sorgfalt außer Acht lässt.

(3) Die Haftung wegen Vorsatzes kann dem Schuldner nicht im Voraus erlassen werden.

Eine Verpflichtung, Schadensersatz zu leisten, besteht nach BGB nur bei Verschulden durch Fahrlässigkeit oder Vorsatz. Deshalb ist zu prüfen, ob der Schaden auf die Handlung des Textilpflegebetriebes zurückzuführen ist und dies der Betrieb zu verantworten hat.

Schadensersatzpflicht

Der Betrieb ist zur Leistung von Schadensersatz verpflichtet, wenn durch eine vorsätzliche oder fahrlässige Pflichtverletzung das Reinigungsgut beschädigt wurde oder abhandengekommen ist.

§ 823 Schadensersatzpflicht

(1) Wer vorsätzlich oder fahrlässig das Leben, den Körper, die Gesundheit, die Freiheit, das Eigentum oder ein sonstiges Recht eines anderen widerrechtlich verletzt, ist dem anderen zum Ersatz des daraus entstehenden Schadens verpflichtet.

(2) Die gleiche Verpflichtung trifft denjenigen, welcher gegen ein den Schutz eines anderen bezweckendes Gesetz verstößt. Ist nach dem Inhalt des Gesetzes ein Verstoß gegen dieses auch ohne Verschulden möglich, so tritt die Ersatzpflicht nur im Falle des Verschuldens ein.

Der unter dem Aspekt der Zuordnung der Verantwortlichkeit eines Textilschadens wichtige Teil ist der in § 823 BGB aufgeführte „besondere Schutz“ des Eigentums. Daraus ergibt sich die Verpflichtung zu sachgemäßer und schonender Behandlung der Textilien unter Berücksichtigung der jeweiligen Umstände des Einzelfalls. Es verpflichtet den Betrieb, alles zu tun, um das Textil in seinem Bestand und Wert zu erhalten, und alles zu vermeiden, was dem Textil schaden könnte. Behandlungen, die die Textilien schädigen könnten, dürfen nur mit ausdrücklicher Zustimmung des Eigentümers durchgeführt werden.

Die auferlegte Sorgfaltspflicht erstreckt sich auch auf die Beachtung der Pflegekennzeichnung, sofern sie angebracht ist.

Beweislast

Wer die Beweislast in einem Rechtsstreit trägt, muss zunächst für die Kosten der zu erbringenden Beweise in Vorlage treten, beispielsweise auch für ein gerichtliches Sachverständigengutachten.

Der grundsätzliche Beweislastsatz lautet:

„Derjenige, der etwas fordert, muss alle Tatbestandsmerkmale einer Anspruchsnorm vortragen und beweisen. Im Falle eines Schadensersatzes: Beschädigung, Ursächlichkeit zwischen Handlung und Schaden und Verschulden des Schädigers."

Wichtig: Aufgrund gewerbetypischer Besonderheiten in der Wäscherei- und Textilreinigungsbranche kann nicht von vornherein darauf geschlossen werden, dass ein Schaden, der im Rahmen der Bearbeitung eines Textils aufgetreten ist, ursächlich auf eine Handlung durch den Textilreinigungsbetrieb zurückzuführen ist.

In der Frage, wem das Gericht die Beweislast zuspricht, sind die Richter in ihrer Entscheidung frei.

Allgemeine Liefer- und Geschäftsbedingungen (AGB)

Einige Regelungen der Allgemeinen Geschäftsbedingungen (AGB) dienen ebenfalls der Zuordnung der Verantwortlichkeit einer Schädigung, insbesondere der Abschnitt über die Mängel am eingelieferten Reinigungsgut. Da in einem Massengeschäft wie der Textilpflege nicht jeder Vertrag ausführlich schriftlich geschlossen werden kann, gibt es die Möglichkeit, den Aufträgen allgemeine Geschäftsbedingungen (AGB) zugrunde zu legen. Möchte der Textilpflegebetrieb keine AGBs verwenden, gelten für die Vertragsgestaltung ohne weitere Vereinbarung die Regeln des Bürgerlichen Gesetzbuches (BGB). Diese Regelungen sind übergreifend für alle möglichen Rechtsbeziehungen geschaffen und bilden deshalb die Geschäftsprozesse der einzelnen Branchen nur unzureichend ab.

Um die spezifischen Prozesse im Interesse der Kunden und Betriebe besser abbilden zu können, gibt es für viele verschiedene Bereiche AGBs. Die AGBs dürfen dem allgemeingültigen Bürgerlichen Gesetzbuch nicht widersprechen. Im Zweifel gilt das übergeordnete BGB.

Steht nur eine Regelung einer AGB dem BGB entgegen, so können die gesamten AGBs unwirksam sein, mit der Folge, dass ausschließlich das BGB Anwendung findet. Die besondere Herausforderung bei der Formulierung von AGBs besteht also darin, nicht in Widerspruch zu den Regelungen des BGB zu kommen, sowohl bezogen auf das allgemeine Recht als auch mit dem AGB-Recht.

Eine Formulierung eigener AGBs mit eventuellen Wunschbedingungen ist aus diesen Gründen nicht zu empfehlen.

Aufgrund eines Urteils aus dem Jahre 2014 zur vom Deutschen Textilreinigungsverband (DTV) empfohlenen AGB wurden diese überarbeitet. Wie lange diese von Bestand ist, kann noch nicht abgesehen werden. AGBs müssen immer wieder den aktuellen gesetzlichen Entwicklungen und der Rechtsprechung angepasst werden.

Sollte in Einzelfällen eine von den AGBs oder dem BGB abweichende Regelung getroffen werden, muss darüber mit dem Kunden ein Aufklärungsgespräch stattfinden und protokolliert werden. Kommt der Auftrag/Vertrag außerhalb der Geschäftsräume des Betriebes zustande, beispielsweise bei Privatkunden in deren Wohnung, muss dem Kunden ein Widerrufsrecht eingeräumt werden.

LIEFERBEDINGUNGEN DES DEUTSCHEN TEXTILREINIGUNGSGEWERBES*

1. Mängel am eingelieferten Reinigungsgut

Der Textilreiniger ist nicht verantwortlich für Schäden, die durch die Beschaffenheit des Reinigungsgutes verursacht werden und die er nicht durch eine fachmännische Warenschau erkennen kann (z. B. Schäden durch ungenügende Festigkeit des Gewebes und der Nähte, ungenügende Echtheit von Färbungen und Drucken, Einlaufen, Imprägnierungen, frühere unsachgemäße Behandlung, verborgene Fremdkörper, durch oder bei den zu Textilien gehörigen Zubehörteilen wie z. B. Gürtel, Schnallen, Knöpfe, Pailletten etc. und andere verborgene Mängel). Dasselbe gilt für Reinigungsgut oder Teile des Reinigungsgutes, das nicht oder nur begrenzt reinigungsfähig ist, soweit es nicht entsprechend gekennzeichnet ist oder der Textilreiniger dies durch eine fachmännische Warenschau nicht erkennen kann.

2. Rückgabe/Pflicht des Kunden zur Abholung

Die Rückgabe des Reinigungsgutes erfolgt gegen Aushändigung der Auftragsbestätigung (z. B. Ticket). Andernfalls hat der Kunde seine Berechtigung zu beweisen. Der Kunde muss das Reinigungsgut innerhalb von drei Monaten nach dem vereinbarten bzw. vorgesehenen Liefertermin abholen. Geschieht dies nicht innerhalb eines Jahres nach Übergabe an den Textilreiniger und ist dem Textilreiniger der Kunde oder seine Adresse unbekannt, so ist er zur gesetzlich vorgesehenen Verwertung berechtigt, es sei denn, der Kunde meldet sich vor der Verwertung. Solche Reinigungsgüter, deren Erlös die Kosten des genannten Verwertungsverfahrens nicht übersteigt, können wirtschaftlich vernünftig und freihändig verwertet werden. Der Kunde hat Anspruch auf einen etwaigen Verwertungserlös.

3. Rügepflicht des Kunden bei Mängeln/Fehlmengen/Falschlieferung beim ausgelieferten Reinigungsgut

Der Kunde hat zu beweisen, dass das Reinigungsgut dem Textilreiniger zur Bearbeitung übergeben wurde, z. B. durch Vorlage der Auftragsbestätigung oder des Tickets. Offensichtliche Mängel müssen innerhalb von zwei Wochen nach Rückgabe gerügt werden.

Gleiches gilt in den beiden vorgenannten Sätzen für die Rüge von offensichtlichen Fehlmengen oder Falschlieferungen bei der Lieferung.

4. Aufklärungspflicht des Kunden für besonders hochpreisiges Reinigungsgut Entfernung von textilfremden Gegenständen durch den Kunden

Der Kunde hat den Textilreiniger auf besonders hochpreisiges Reinigungsgut bei der Übergabe an den Textilreiniger hinzuweisen.

Der Kunde hat darauf hinzuwirken, dass vor Übergabe der Textilien textilfremde Gegenstände wie z. B. Kugelschreiber, Taschenmesser u. a. entfernt sind.

5. Haftung des Textilreinigers

Bei einer mangelhaften Reinigungsleistung der Textilie haftet der Textilreiniger nach den geltenden allgemeinen gesetzlichen Regelungen der Nachbesserung und im Falle des Schadensersatzes nach den allgemeinen gesetzlichen Schadens- und Verschuldensregeln für den beim Kunden eingetretenen Schaden.

Im Fall eines Verlustes einer Textilie oder im Fall der Nichtleistung haftet der Textilreiniger für den beim Kunden entstandenen Schaden nach den allgemeinen gesetzlichen Schadens- und Verschuldensregeln.

6. Haftungsbegrenzung

Im Fall leicht fahrlässig verursachter Schäden ist der Schadensersatz auf den vertragstypischen vorhersehbaren Schaden begrenzt. Diese Begrenzung des Schadensersatzes gilt nicht für schuldhafte Verstöße gegen wesentliche Vertragspflichten oder für schuldhafte Verstöße, die die Erreichung des Vertragszwecks gefährden. Gleichfalls gilt die Begrenzung des Schadensersatzes nicht bei Schäden durch Verletzung von Leben, Körper oder Gesundheit.

* empfohlen vom Deutschen Textilreinigungs-Verband e.V., Bonn. Die Lieferbedingungen dürfen nur von Mitgliedern oder ansonsten durch Zustimmung des Verbandes für eigene Zwecke genutzt werden.

Hinweise zu den Lieferbedingungen:

1. Mängel am eingelieferten Reinigungsgut

Es wird beispielhaft eine ganze Reihe typischer Vorschädigungen aufgezählt. Dadurch kann ein Textilreiniger vor Kunden und Gericht glaubhaft machen, dass eine entsprechende Vorschädigung regelmäßig vorhanden sein kann.

2. Aufklärungspflicht des Kunden

Textilien sieht man trotz aller Fachkunde nicht immer an, wie hochwertig sie sind. Der Kunde besitzt ein Sonderwissen, das er dem Textilreiniger nicht vorenthalten darf. Gerade bei Textilien, die beispielsweise aufgrund fehlender Pflegekennzeichnung und/ oder Materialkennzeichnung nur mit einem gewissen Risiko zu bearbeiten sind, ist eine solche Information wichtig. Mit dieser Information kann der Textilreiniger entscheiden, ob er den Auftrag überhaupt annimmt oder ihn nur in dem Fall annimmt, dass der Kunde eine Zusatzversicherung abschließt. Stellt sich im Nachhinein heraus, dass der Textilreiniger bei ordnungsgemäßer Aufklärung durch den Kunden eine dieser beiden Alternativen gewählt hätte, dann lässt sich über diesen Weg ein gewisses Mitverschulden des Kunden am Schadensereignis einwenden. Die Hochpreisigkeit beginnt bei einer Überschreitung von 50 bis 75 % vom Durchschnittswert des Marktpreises einer Textilie.

Diese Stelle der AGBs steht in Zusammenhang mit dem Abschnitt (5) der AGBs. Die Aufklärungspflicht des Kunden kann, sofern vom Kunden vernachlässigt, zu einer Haftungsbegrenzung des Textilreinigers führen. Dies gilt auch für Schäden, die mehr als nur leicht fahrlässig verursacht wurden.

3. Rückgabepflicht/Abholungspflicht des Kunden

Die Aufbewahrungsfrist ist nun vom Datum der Abgabe gerechnet auf 12 Monate begrenzt. Nach Ende der Abholfrist, die maximal 3 Monate beträgt, kommt der Kunde mit der Abholung in Verzug. Durch die Regelungen des Bürgerlichen Gesetzbuches (BGB) haftet der Textilreiniger nach Ablauf der Abholzeit für Verlust oder Beschädigung nur noch bei grober Fahrlässigkeit.

Kommt es zu einer finanziellen Verwertung, muss genau Buch geführt werden, da dem Kunden – falls er sich nach der Verwertung meldet – der erlangte Erlös zusteht. Aufrechnen kann der Textilreiniger die Kosten, die ihm im Rahmen der Verwertung entstanden sind.

Hat der Textilreiniger die Textilie andererseits „überobligationsmäßig" aufbewahrt, kann er Aufbewahrungskosten berechnen. Aufbewahrungskosten von 1,00 € pro Tag, beginnend mit dem Ende der Aufbewahrungsfrist von 1 Jahr, können mit guter Aussicht auf Erfolg geltend gemacht werden. Eventuelle Forderungen eines Kunden können damit aufgerechnet werden.

4. Rügepflicht des Kunden

Nicht nur offensichtliche Mängel am Textilgut, sondern auch Fehlmengen und Falschlieferungen müssen vom Kunden innerhalb von zwei Wochen gerügt werden. Andernfalls entfällt die Haftung des Textilreinigers. Denkbar ist auch eine Haftung des Kunden, wenn er ein falsch geliefertes Textil zu spät zurückbringt und der Textilreiniger dies bereits seinem anderen Kunden ersetzt hat.

5. Haftungsbegrenzung

Die Haftungsbegrenzung folgt der Rechtsprechung. Eine umfangreichere Haftungsbegrenzung ist rechtlich angreifbar.

4. Kennzeichnungen (Material-, Pflege- und Größenkennzeichnung)

Materialkennzeichnung

Die Kennzeichnung von Textilien mit Materialangaben ist gesetzlich geregelt. Die neue europäische Textilkennzeichnungsverordnung (Verordnung EU Nr. 1007/2011) ersetzt seit 08.05.2012 das deutsche Textilkennzeichnungsgesetz vollständig. Sie verpflichtet wie bisher Handel und Hersteller, Textilerzeugnisse mit Angaben zur Rohstoffzusammensetzung zu versehen. Es müssen alle Erzeugnisse mit der Kennzeichnung versehen werden, die mindestens zu 80 % aus textilen Fasern bestehen. Die Vorschrift hat Gesetzesrang und dient dazu, die Verbraucher darüber zu informieren, aus welchen Rohstoffen ein Textilteil besteht. Zusätzlich schreibt die Verordnung vor, welche Bezeichnungen für die verschiedenen Faserarten verwendet werden dürfen, wie die Rohstoffanteile anzugeben sind und welche Angaben darüber hinaus erforderlich oder zulässig sind. Auch weitere Einzelheiten werden mit dieser Verordnung für die ganze Europäische Union (EU) geregelt.

Im Unterschied zur gesetzlich vorgeschriebenen Textilkennzeichnung gibt es in Deutschland (noch) keine Pflicht zur Anbringung einer **Pflegekennzeichnung.** Die Anbringung der Pflegehinweise wird weiterhin auf freiwilliger Basis durchgeführt (vgl. Seite 149).

Für die Schadensbearbeitung enthält die Textilkennzeichnung wichtige Hinweise, denn in aller Regel ist die Kennzeichnung korrekt. Definitiv verlassen sollte man sich im Zweifelsfall jedoch nicht darauf. Wie bereits von Schmidt[1] und Bockelmann[2] festgestellt, ist bei der fachmännischen Warenschau in erster Linie die Pflegekennzeichnung maßgeblich. Dies umso mehr, als dass dem Hersteller vor Verwendung der Pflegesymbole entsprechende Prüfungen auferlegt werden. Sollte keine Pflegekennzeichnung vorhanden sein, kann der Textilreiniger aus der Zusammensetzung der Materialien wertvolle Hinweise bekommen, welches Pflegeverfahren er anwenden kann. So ist z. B. am Warengriff nicht immer auf Anhieb zu unterscheiden, ob ein Polyestermaterial oder ein Seidenmaterial vorliegt. Eine Kennzeichnung erleichtert die Zuord-

[1] Schmidt, Gerold: „Textilreinigungs- und Kleidungsschadensrecht", München, 1969
[2] Bockelmann, Eugenie: „Handbuch der Reklamationsbearbeitung in der Textilreinigung", Hohenstein, 1994

nung zum geeigneten Verfahren. Eine Materialzusammensetzung von Naturfasern und Synthetikfasern führt meist zu einer einfacheren Pflegbarkeit mit größerer Formstabilität des Textils.

Wurde in Fällen, in denen nur eine Materialkennzeichnung und keine Pflegeanleitung vorgelegen hat, aus Sicht eines Fachmanns ein für das Material risikoreiches oder ungeeignetes Pflegeverfahren angewandt, ist der Textilreiniger für die daraus entstandene Schädigung verantwortlich zu machen.

Pflegekennzeichnung

Die Pflegekennzeichnung wird durch den Hersteller oder Konfektionär in Textilien angebracht, um den Kunden die maximal mögliche Pflegemethode für das jeweilige Textil in Kurzform und unabhängig der jeweiligen Muttersprache mitzuteilen. In Deutschland ist die Pflegkennzeichnung nicht wie die Materialkennzeichnung, also die Angabe der Ausgangsmaterialien, gesetzlich vorgeschrieben, sondern freiwillig. In anderen Ländern wie beispielsweise Österreich ist es hingegen gesetzliche Pflicht, die dort in Verkehr gebrachten Textilien mit einer Pflegekennzeichnung zu versehen. Auch in den USA ist die Pflegekennzeichnung gesetzlich verankert, wenn auch nicht mit den hierzulande üblichen GINETEX-Symbolen. Aus den GINTEX-Symbolen geht die internationale Norm EN ISO 3758 „Textilien-Pflegekennzeichnungs-Code auf Basis von Symbolen“ hervor. Die Pflegesymbole sind warenzeichenrechtlich international geschützt. Eigentümer der Warenzeichenrechte ist das Groupment International d`Etiquetage pour l`Entretien des Textiles (GINETEX). In Deutschland ist GINETEX GERMANY, ansässig bei GermanFashion Modeverband Deutschland e. V., Köln, für die Pflegekennzeichnung zuständig

Für die Beurteilung von Schadensfällen an Textilien und daraus entstehenden Haftungsfragen spielt die Pflegekennzeichnung eine wichtige Rolle. Die verwendeten Symbole definieren Verfahrensbedingungen, bei deren Anwendung keine Schädigung an dem jeweiligen Textil entstehen. Schonendere Behandlungen als die mit der Pflegekennzeichnung definierten sind jedoch erlaubt. Ist eine Pflegekennzeichnung am Textil angebracht, handelt es sich um vom Verkäufer zugesicherte Produkteigenschaften, für die er im Rahmen der gesetzlichen Vorgaben auch haftet. Im Rahmen der Gewährleistung haftet der Verkäufer dem Käufer gegenüber für mindestens zwei Jahre ab dem Produktkauf. Freiwillig kann der Händler auch längere Garantiefristen einräumen. Über die Gewährleistungsfrist hinaus haftet der Verkäufer für die Richtigkeit der Pflegekennzeichnung immer dann, wenn durch die verkaufte Textilie einem Dritten ein Schaden entsteht, wie im nachfolgenden Beispiel erläutert. Eine Schadenersatzpflicht für den Verkäufer ergibt sich in solchen Fällen sowohl nach dem Bürgerlichen Gesetzbuch (BGB) als auch nach dem Produkthaftungsgesetz (ProdHaftG). Ansprüche auf dieser Grundlage können auch nach mehr als zwei Jahren geltend gemacht werden.

Beispiel für diesen Haftungsfall: Ein Anorak, der nach drei Jahren erstmals in den Textilpflegebetrieb gelangt. Die Pflegeanleitung lässt eine Reinigung in Perchlorethylen zu, die auch durchgeführt wird. Durch die Bearbeitung in der Reinigungsmaschine haben sich jedoch die Kordelstopper im Lösungsmittel aufgelöst und nicht nur den Anorak irreparabel geschädigt, sondern auch noch alle übrigen in derselben Reinigungscharge befindlichen Textilien. In diesem Fall kann der Textilreiniger die Schadensersatzforderung des Kunden mit der Begründung zurückweisen, dass er sich in der Bearbeitung an die Pflegekennzeichnung gehalten habe, das entsprechende Textil also fehlerhaft ist und dafür nach dem Gesetz der Verkäufer der Textilie haftet. Bezüglich der Zuständigkeit verweist der Textilreiniger auf den Kunden, der den schadenverursachenden Anorak zur Reinigung in Auftrag gab. Dieser kann gewiss den Verkäufer benennen, den letztendlich ein Verschulden trifft. Die Rechtslage ist eindeutig. Die Versicherer holen sich, mit von den betroffenen Kunden abgetretenen Ansprüchen, erfolgreich die gezahlten Entschädigungen beim Hersteller zurück, soweit dieser in Deutschland sitzt. Sobald jedoch ein Reiniger das seinem Kunden selbst überlassen möchte, sind Ärger und Stress programmiert. Ein solcher Kraftakt dürfte sich unter kaufmännischen Gesichtspunkten nur dann lohnen, wenn es dabei um einen angemessenen Geldbetrag geht. Hält sich der Textilreiniger aufgrund der Warenschau, seines Fachwissens und der Bearbeitungsmöglichkeiten nicht an die Angaben der Pflegeanleitung, ergibt sich daraus im Schadensfall nicht zwangsläufig eine Haftung des Textilreinigers. Allerdings kann in diesen Fällen der Verkäufer nicht mehr in die Haftung genommen werden, da die vorgenommene Bearbeitung nicht mehr den Eigenschaften entsprach, die mit der Pflegeanleitung dem Artikel bescheinigt wurde. Als Beispiel kann ein Baumwollhemd genannt werden, das aus fachlich nicht nachvollziehbaren Gründen in der Pflegekennzeichnung ein Reinigungsverbot aufweist. Nach der Reinigung des Hemdes wird eine gebrauchsbedingte Vorschädigung sichtbar, die bei der zulässigen Waschbehandlung ebenfalls sichtbar geworden wäre. Also keine Haftung des Reinigers oder Herstellers.

Hatte das Baumwollhemd hingegen erkennbare Kunstlederapplikationen und wurde es trotz Reinigungsverbots in der Pflegeanleitung gereinigt, worauf die Applikationen verhärtet sind, liegt eindeutig ein Fehler der Reinigung vor. Eine Bearbeitung entgegen der Pflegeanleitung ist stets riskant, besonders, wenn es sich um Textilen handelt, bei denen die Warenschau keinen Blick zwischen Futter und Oberstoff zuläßt.

Pflegeanleitung ist kein Freibrief!

Bezüglich der Pflegeempfindlichkeit von Knöpfen und Applikationen oder von Schäden, die durch deren Formen und/oder Gewicht entstehen können, finden sich nur selten Hinweise in der Pflegekennzeichnung. Perlmuttknöpfe, die an der Trommelwand anschlagen und splittern können, werden nicht nur beschädigt, die scharfen Kanten können zudem weitere Schäden an allen Textilien verursachen, die sich in der selben Maschinencharge befinden. Auch sehr schwere oder kantige Metallknöpfe und dergleichen können Schäden an Textilen verursachen. Derartige Gefahren muss der Reiniger bei der Warenschau erkennen und entsprechende Vorsichtsmaßnahmen treffen. Das Berufen auf die Pflegeanleitung, die diese oder jene Behandlung erlaubt, entlastet den Reiniger bei der Behandlung von Textilien mit gefährlichen Knöpfen nicht von der Sorgfaltspflicht.

Auf alle Aspekte der Pflegekennzeichnung kann hier nicht eingegangen werden. Um sich streng an das maximal empfohlene Verfahren zu halten, muss der Textilreiniger die Bedeutung der Zeichen und die Parameter, die sie definieren, kennen.

Waschen

Bei den Waschsymbolen ist die maximale Behandlungstemperatur dem Symbol zu entnehmen. Ein Balken unter dem stilisierten Waschbottich symbolisiert den Hinweis auf eine schonende Behandlung. Eine schonende Behandlung kann durch Reduktion der Waschmechanik, der Waschzeit, die Höhe des Wasserstands, geringere Beladung der Waschtrommel und durch vermindertes Schleudern erreicht werden. Es sind auch Kombinationen der einzelnen Parameter möglich. Der doppelte Balken symbolisiert den Hinweis, einen besonders schonenden Waschprozess durchzuführen.

Die Waschsymbole beinhalten keine Aussage bezüglich der zu verwendeten Waschmitteln. Allerdings ist aufgrund der Sorgfaltspflicht beim Hinweis auf eine schonende Behandlung zu prüfen, ob das Waschmittel für die schonend zu bearbeitende Wäsche geeignet ist. Ein stark alkalisches Waschmittel ist für eine schonende Behandlung meist nicht die richtige Wahl und stellt, von Ausnahmefällen abgesehen, eine Fehlbehandlung dar.

Bleichen

Das Dreieck, das Hinweise gibt, ob eine Bleichbehandlung zulässig ist oder nicht, enthält auch Informationen bezüglich der Verwendung von Waschmitteln. Pulverförmige Waschmittel enthalten in fast allen Fällen Sauerstoffbleichmittel. Ist das Dreieck durchgestrichen, ist eine Behandlung mit diesem Waschmittel nicht fachgerecht.

Sind Berufskleidung oder Textilien für die Verwendung in der Küche als nicht für die Sauerstoffbleiche geeignet etikettiert, handelt es sich um für den angepriesenen Zweck ungeeignete Textilien, die allenfalls zum einmaligen Gebrauch hergestellt wurden, da viele Flecksubstanzen sich nur mit einem Bleichvorgang beseitigen lassen, aber auch aus hygienischen Gründen. Zur Gewährleistung der nötigen Hygiene werden desinfizierende Waschverfahren eingesetzt, die Sauerstoffbleichmittel als Desinfektionskomponente benötigen.

Trocknen

Das Trocknungssymbol definiert die maximale Temperatur der Trocknungsluft aus dem Haushaltsbereich. Das mit zwei Punkten in der Mitte versehene Symbol bedeutet, dass die Ablufttemperatur des Trockners beim Trommelausgang maximal 80 °C betragen darf. Bei einem Punkt ist die Temperatur auf 60 °C zu beschränken. Das durchgestrichene Symbol bedeutet, dass keine Trocknung im Wäschetrockner erfolgen darf. Für die gewerbliche Bearbeitung ergeben sich aus diesen Symbolen Hinweise für die Empfindlichkeit des Textils im Hinblick auf das auszuwählende gewerbliche Trocknungsverfahren.

Bügeln

Den Bügeleisensymbolen sind maximale Behandlungstemperaturen zugeordnet. Ein Punkt im Symbol bedeutet eine maximale Temperatur der Bügeleisensohle von 110 °C, ergänzt mit dem Hinweis „Kein Bügeln mit Dampf". Bei mit diesem Symbol gekennzeichneter Ware ist im gewerblichen Bereich Sorge zu tragen, dass die Bedingungen eingehalten werden oder es bei der Anwendung anderer Temperaturen zu keinen Schädigungen kommt. Da viele Finishverfahren im gewerblichen Bereich mit Unterstützung von Dampf durchgeführt werden, ist besondere Vorsicht geboten.

Die maximale Temperatur der Bügeleisensohle für das Bügeln entsprechend dem Bügeleisensymbol mit zwei Punkten beträgt 150 °C, bei drei Punkten 200 °C.

Professionelle Textilpflege, Reinigen (Trockenreinigung) 

Im Rahmen der Trockenreinigung, also der Reinigung in Reinigungsmaschinen, sind die Temperatur des Lösemittels, die Dauer des Reinigungsvorganges und die Trocknungstemperatur von zentraler Bedeutung.

Für alle Lösemittel ist unter Zurechnung eines Toleranzbereiches eine maximale Lösemitteltemperatur von 30 +/- 3 °C vorgesehen. Für das normale Verfahren ohne Unterstrich sind mit allen Zwischenschritten bis zum Schleudern maximal 22 Minuten vorgesehen. Für Schonverfahren, gekennzeichnet mit einem Unterstrich, maximal 15 Minuten. Für das mit doppeltem Unterstrich unter dem P gekennzeichnete Verfahren 10 Minuten.

Für das Trocknungsverfahren gilt eine maximale Lufttemperatur beim Trommeleintritt von 80 +/- 3 °C, bei Trommelaustritt von 60 +/- 3 °C. Für die Schonverfahren ist eine maximale Temperatur der Trocknungsluft von 60 +/- 3 °C am Trommeleingang und von 50 +/- 3 °C am Luftaustritt (Trommelausgang) definiert. Für das Trocknungsverfahren P mit zwei Unterstrichen gilt analog eine maximale Temperatur von 60 +/- 3 °C am Trommeleingang und 50 +/- 3 °C am Trommelaustritt. Dabei handelt es sich um eine in der betrieblichen Praxis nur schwer erreichbare Anforderung.

Werden die Vorgaben überschritten, können daraus Schäden entstehen, für die der Textilreinigungsbetrieb verantwortlich ist.

Professionelle Textilpflege: Nassreinigung 

„Die fachgerechte Nassreinigung ist ein von Fachleuten angewendetes Verfahren zur Reinigung von Textilien (= Kleidungsstücke, konfektionierte Textilien oder textile Flächengebilde) in Wasser unter Einsatz spezieller Techniken (Reinigen, Spülen und Schleudern), Waschmitteln und Zusätzen zur Minimierung von nachteiligen Auswirkungen auf die Textilien. Anschließend erfolgen Trocknen und wiederherstellende Finishbehandlungen, in den meisten Fällen durch Dämpfbehandlung und/oder Heißpressen." (zitiert nach Norm ISO 3175-4).

Für die Prüfung des Konfektionärs, ob das Textil als für Nassreinigung geeignet ausgezeichnet werden kann, muss es mit dem jeweiligen Nassreinigungsverfahren bearbeitet werden.

Es existieren drei Symbolvarianten: W ohne Unterstrich für normale Materialien. Dieses Verfahren entspricht in etwa einem Feinwaschverfahren. Allerdings wird durch die Verwendung eines Nassreinigungssymbols auch das Trocknungsverfahren und die professionellen wiederherstellende Finishbehandlung impliziert. Somit ist dem Hersteller ein Symbol an die Hand gegeben, das Schädigungen durch fehlerhaftes Trocknen oder durch ungenügende Finishbehandlung vermeiden hilft.

Das Symbol mit einem Unterstrich kennzeichnet den Prozess für empfindliche Materialien. Wie bei allen Nassreinigungsverfahren liegt die maximale Waschtemperatur bei 30 °C. Die Trocknungstemperatur am Trommelausgang darf 60 °C nicht übersteigen. Am Ende der Trocknung muss im Trockner noch 15 % Restfeuchte vorhanden sein.

Das Nassreinigungssymbol mit zwei Unterstrichen unterscheidet sich von den anderen Nassreinigungsverfahren nur in der Trocknung. Hier ist nur ein Auflockern von maximal 2 Minuten vorgesehen und ein Trocknen an der Luft.

Die Nassreinigung umfasst auch die anschließenden wiederherstellenden Finishbehandlungen, die im Einzelnen jedoch nicht definiert sind.

Wichtig ist, die erheblichen Unterschiede in den drei verschieden definierten Verfahren zu erkennen und zu berücksichtigen.

Weitere Informationen zu den Pflegekennzeichen, den damit in Zusammenhang stehenden Normen und Vereinbarungen erteilt GINETEX GERMANY, Nationale Vereinigung für die Pflegekennzeichnung von Textilien c/o GermanFashion, An Lyskirchen 14, 50676 Köln; ginetex@germanfashion.net; www.ginetex.de.

GINETEX GERMANY

WASCHEN

Normalwaschgang	95	Normalwaschgang	60	Schonwaschgang	60
Normalwaschgang	40	Schonwaschgang	40	Spezialschonwaschgang	40
Normalwaschgang	30	Schonwaschgang	30	Spezialschonwaschgang	30
Handwäsche maximale Temperatur 40 °C		Nicht Waschen		Die Zahlen im Waschbottich zeigen die maximal zulässige Waschtemperatur in °C an. *	

BLEICHEN

Chlor- oder Sauerstoffbleiche erlaubt	Nur Sauerstoffbleiche (keine Chlorbleiche) erlaubt	Nicht Bleichen

TROCKNEN

Trocknen im Tumbler möglich, normale Temperatur, 80 °C normaler Trocknungsprozess	Trocknen im Tumbler möglich, niedrige Temperatur, 60 °C normaler Trocknungsprozess	Nicht im Wäschetrockner/ Tumbler trocknen
Trocknen auf der Wäscheleine	Trocknen aus dem tropfnassen Zustand	Liegend trocknen
Liegend trocknen aus dem tropfnassen Zustand	Trocknen auf der Wäscheleine im Schatten	Trocknen aus dem tropfnassen Zustand im Schatten
Liegend trocknen im Schatten	Liegend trocknen aus dem tropfnassen Zustand im Schatten	Die Punkte kennzeichnen die Trocknungsstufe des Tumblers. Die Striche kennzeichnen Art und Ort des Trocknens.

BÜGELN

Bügeln mit einer Höchsttemperatur der Bügeleisensohle von 200 °C	Bügeln mit einer Höchsttemperatur der Bügeleisensohle von 150 °C	Die Punkte kennzeichnen die Temperaturstufe des Bügeleisens.
Bügeln mit einer Höchsttemperatur der Bügeleisensohle von 110 °C *	Nicht Bügeln	* Vorsicht beim Dampfbügeln

PROFESSIONELLE TEXTILPFLEGE

Professionelle Trockenreinigung, normaler Prozess	Professionelle Trockenreinigung, schonender Prozess	Professionelle Trockenreinigung, normaler Prozess
Professionelle Trockenreinigung, schonender Prozess	Nicht Trockenreinigen	Die Buchstaben im Kreis kennzeichnen die Lösemittel (P, F) die in der Trockenreinigung angewendet werden oder die Nassreinigung (W). *
Professionelle Nassreinigung, normaler Prozess	Professionelle Nassreinigung, schonender Prozess	
Professionelle Nassreinigung, besonders schonender Prozess	Nicht Nassreinigen	* Generell: Der Strich unter dem Symbol kennzeichnet eine mildere Behandlung (z.B. Schongang für Pflegeleichtartikel). Der doppelte Strich kennzeichnet Pflegestufen mit besonders schonender Behandlung.

Größenkennzeichnung

Die Angaben der Kleidergröße in Textilien dienen dem schnelleren Auffinden der passenden Größe des Kleidungsstückes für den Kunden und dadurch der Vereinfachung von Ein- und Verkauf der Textilien. Die Bekleidungsgrößen werden Konfektionsgrößen genannt. Eine Konfektionsgröße ist daraufhin optimiert, möglichst vielen Kunden mit ähnlichen Körpermaßen zu passen. Die Herausforderung besteht also darin, mit den Konfektionsgrößen möglichst viele individuelle Körpergrößen und Proportionen abbilden zu können. Allerdings beziehen sich die Konfektionsgrößen nur auf wenige Körpermaße. Das hat zur Folge, dass sich z. B. eine Hose der Größe 38 für die Zielgruppe der in etwa 18-Jährigen von einer Hose der Größe 38 für die Zielgruppe der ca. 60-Jährigen stark unterscheidet. Sie weisen zwar beide einen Hüftumfang von ca. 97 cm auf, sind aber ansonsten unterschiedlich geschnitten. Ob ein Kleidungsstück passt, kann also alleine von der Konfektionsgröße her betrachtet nicht entschieden werden. Zusätzlich sind modische Aspekte und zielgruppenspezifische Absichten zu berücksichtigen. Deshalb ist es nicht möglich und auch nicht wünschenswert, einheitliche Schablonen für Bekleidungstextilien anzufertigen.

Allerdings sind die Größen auch keine beliebigen Angaben. Für jede Konfektionsgröße gibt es Bereiche, innerhalb derer sich die Maße des Textils bewegen können. Die Größentabellen beziehen sich auch auf konkrete Körpermaße. Werden an den relevanten Messstrecken diese Maße unterschritten, hat das Kleidungsstück nicht mehr die erforderliche Größe, und es liegt demzufolge ein Mangel vor. Dabei ist zu berücksichtigen, dass beispielsweise ein Wollmantel nicht direkt auf der Haut getragen wird, sondern im Winter über der normalen Bekleidung zum Einsatz kommt. Hier müssen also noch einige Zentimeter zum Körpermaß hinzugerechnet werden, damit der Mantel passen kann. Wenn das Textil ein Mindestmaß nicht erreicht, so liegt ein Schaden vor, da das Teil eine seiner wichtigsten Eigenschaften verloren hat – nämlich, zumindest theoretisch, zu passen.

Für die richtige Zuordnung der Verantwortlichkeit eines Schadens spielt dieser Aspekt eine besondere Rolle. Bei der sich im Kleidungsstück befindlichen Größenangabe handelt es sich um eine vom Verkäufer zugesicherte Eigenschaft.

Einlaufschaden mit Änderung der Konfektionsgröße

Eindeutig zu klein ist ein Bekleidungsstück, wenn es von der auf dem Etikett aufgebrachten Konfektionsgröße so stark abweicht, dass es die nächstkleinere Größe aufweist oder noch kleiner ist.

Wenn also ein Teil beim Kauf mit der tatsächlich vorhandenen Größe ausgezeichnet, nach der Pflegebehandlung jedoch wesentlich kleiner ist und nicht mehr die ausgewiesene Größe aufweist, so liegt ein Mangel vor, der entweder durch eine Fehlbehandlung oder einen Materialfehler hervorgerufen worden ist.

Eine im Etikett eventuell eingebrachte Information, dass ein Kleidungsstück bis zu 5 % einlaufen kann, schützt den Verkäufer nicht in jedem Fall vor einer Mängelrüge. Für einen Kunden ist es in der Regel überraschend, wenn ein in passender Größe gewähltes Teil nach dem ersten

Pflegeprozess plötzlich eine kleinere, nicht mehr passende Größe aufweist. Das hat zur Folge, dass überraschende Klauseln wie der Hinweis auf einen drohenden Maßverlust in Geschäftsbeziehungen mit Verbrauchern unwirksam sein können.

Einlaufschaden unter Beibehaltung der Konfektionsgröße

Als Beispiel soll ein nicht seltener Vorgang dienen: Ein Kleidungsstück wird in einem Bekleidungsgeschäft ausgewählt, anprobiert, als passend gefunden und gekauft. Nach der ersten Pflegebehandlung ist das Textil kleiner geworden und passt nicht mehr. Die daraufhin nachgemessene Größe entspricht jedoch den in der Größentabelle angegebenen Mindestmaßen. Das Textil liegt nun also noch in der „richtigen" Größe vor. Das Einlaufen ist für den Käufer ärgerlich, aber der Verkäufer haftet mit hoher Wahrscheinlichkeit nicht. Besonders drastisch ist der Fall, wenn das betreffende Bekleidungsstück mit einer sogenannten „Schmeichelgröße" ausgezeichnet worden wäre. Schmeichelgrößen nennt man Kleidungsstücke, die mit einer kleineren statt korrekterweise mit einer größeren Größenangabe ausgezeichnet werden.

Das Einlaufen und auch das Längen (größer werden) von Bekleidung ist allgemein ein misslicher Umstand und wäre im Hinblick auf die heutigen Fertigungstechniken in sehr vielen Fällen eigentlich nicht mehr nötig. Große Handelsketten und Konfektionäre versuchen dieses Phänomen bereits durch entsprechende Maßnahmen bei der Konfektionierung und im Rahmen der Qualitätssicherung auszuschließen. Damit wird die Reklamationsquote erfolgreich gesenkt.

Im Bereich Textilreinigung sind Größentabellen auch hilfreich beim Auffinden von verlorenen oder vertauschten Textilien. Mit der Angabe der Konfektionsgröße kann noch gezielter nach einem momentan verschwundenen Teil gesucht werden.

Es gibt unterschiedliche Größensysteme, das italienische System unterscheidet sich vom deutschen oder britischen. Weitergehende, spezifischere Informationen zu den Größeneinteilungen und den ausländischen Größentabellen finden sich auch bei Eberle, u. a. „Fachwissen Bekleidung", 10. Auflage, Verlag Europa-Lehrmittel.

Größen der Damenbekleidung

Das Größensystem der Damenbekleidung ist auf den Kenn- oder Schlüsselmaßen Körperhöhe, Hüftumfang und Brustumfang aufgebaut. Von ihnen sind die Größenbezeichnungen abgeleitet. Man unterscheidet bezüglich der Körperhöhe normale Größen, kurze Größen und lange Größen. Diese werden jeweils unterteilt in normalhüftige, schmalhüftige und starkhüftige Größen.

Normalgrößen basieren auf einer Körperhöhe von 168 cm. Die Größennummer ist z. B. 38.

Kurze Größen basieren auf 160 cm und werden mit der halben Normalgrößen-Nummer gekennzeichnet, z. B. 19.

Lange Größen basieren auf 176 cm und werden mit der doppelten Normalgrößen-Nummer versehen, z. B. 76.

Schmalhüftige Größen unterscheiden sich von den normalhüftigen Größen durch einen um 6 cm kleineren Hüftumfang. Die Größennummer erhält die Vorziffer 0, z. B. 038, 019, 076.

Starkhüftige Größen unterscheiden sich von den normalhüftigen Größen durch einen um 6 cm größeren Hüftumfang. Die Größennummer erhält die Vorziffer 5, z. B. 538, 519, 576.

Größentabellen für normalhüftige kurze, normale und lange Größen

Größenbezeichnung	Körperhöhe	Hüftumfang in cm	86	90	94	97	100	103	106	109	114	119	124
		Brustumfang in cm	76	80	84	88	92	96	100	104	110	116	122
kurze Größe normalhüftig	160 cm	Größennummer 16 - 30	16	17	18	19	20	21	22	23	24	25	26
normale Größe normalhüftig	168 cm	Größennummer 32 - 60	32	34	36	38	40	42	44	46	48	50	52
lange Größe normalhüftig	176 cm	Größennummer 64 - 120	64	68	72	76	80	84	88	92	96	100	104

Größentabelle Herrenbekleidung (HAKA)

Das Größensystem der Herrenbekleidung ist auf den Maßen Brustumfang, Bundumfang und Körperhöhe aufgebaut.

Deutsche Größenbezeichnungen bestehen aus einer Kennzahl, die vom Brustumfang abgeleitet wird.

Beispiel: Brustumfang = 104 cm, Normalgröße 52 (Nummer entspricht einem halben Brustumfang), untersetzte Größe 26 (Nummer entspricht einem viertel Brustumfang).

Europäische Größenbezeichnungen bestehen aus drei Kennzahlen, die sich aus den Kennmaßen ergeben.

Beispiel: Brustumfang = 104 cm, Bundumfang = 92 cm, Körperhöhe = 180 cm;

Europagröße $\frac{52\text{-}6}{180}$

(wobei 52 einem halben Brustumfang, -6 der halben Differenz von Brust- zu Bundumfang und 180 der Körperhöhe entspricht).

1. Normale Männergrößen								
Deutsche Größe	44	46	48	50	52	54	56	58
Europagröße	44-6 / 168	46-6 / 171	48-6 / 174	50-6 / 177	52-6 / 180	54-6 / 182	56-6 / 184	58-6 / 186
Körpergröße in cm	168	171	174	177	180	182	184	186
Brustumfang in cm	88	92	96	100	104	108	112	116
Bundumfang in cm	76	80	84	88	92	98	102	108
Bei Normalgrößen ist der Bundumfang 12 cm kleiner als der Brustumfang.								
2. Untersetzte Männergrößen								
Deutsche Größe	22	23	24	25	26	27	28	29
Europagröße	44-4 / 162	46-4 / 165	48-4 / 168	50-4 / 171	52-4 / 174	54-4 / 176	56-4 / 178	58-4 / 180
Körpergröße in cm	162	165	168	171	174	176	178	180
Brustumfang in cm	88	92	96	100	104	108	112	116
Bundumfang in cm	80	84	88	92	96	100	106	110
Bei untersetzten Größen ist der Bundumfang 8 cm kleiner als der Brustumfang. Die Körperhöhe ist 6 cm geringer als bei Normalgrößen.								

3. Schlanke Männergrößen								
Deutsche Größe	90	94	98	102	106	110		
Europagröße	44-6 / 177	46-6 / 180	48-6 / 183	50-6 / 186	52-6 / 188	54-6 / 190		
Körpergröße in cm	177	180	183	186	188	190		
Brustumfang in cm	88	92	96	100	104	108		
Bundumfang in cm	76	80	84	88	92	96		
Bei schlanken Größen ist das Verhältnis Bundumfang zu Brustumfang gleich wie bei Normalgrößen, die Körperhöhe jedoch um 9 cm größer.								

Größentabelle Herrenhemden

Bei Hemden mit Kragen ist eine gute Passform wichtig. Die Größenangabe erfolgt nach der Größe des Halsumfangs.

Die Berücksichtigung verschiedener Figurentypen erfolgt durch die Schnittformen normal, tailliert und körpernah.

Größe Schnittform		36	37 - 38	39 - 40	41 - 42	43 - 44	45 - 46
normal	**Brustumfang in cm**	108	114	120	128	134	142
	Taillenumfang in cm	96	106	114	124	134	142
tailliert	**Brustumfang in cm**	104	110	116	124	130	-
	Taillenumfang in cm	92	96	104	114	124	-
körpernah	**Brustumfang in cm**	98	104	112	120	-	-
	Taillenumfang in cm	84	88	94	104	-	-

Amerikanische Größentabelle

Das amerikanische Universalgrößensystem mit den Bezeichnungen XS, S, M, L und XL entspricht im Wesentlichen den deutschen Normalgrößen. Es ist ungenauer und verwendet weniger Unterteilungen. Das Kleidungsstück passt im Großen und Ganzen.

US-Universalgrößen	XS (extra small)		S (small)				M (medium)		L (large)			XL (extra large)	
Deutsche Männergrößen (normal)	38	40	42		44		46	48		50	52	54	56
Deutsche Frauengrößen (normal)	32	34	36	38		40		42	44		46	48	50
US-Jeansgrößen	26/32	27/32	28/32	29/34	30/34	31/34	32/34	33/34	34/34	35/34	36/34	38/34	40/34

Als Maßeinheit werden „Foot“ und „Inches“ verwendet (1 Foot = 12 inches, 1 inch = 2,54 cm). Die Größenbezeichnung beinhaltet Bundumfang und Schrittlänge und wird durch zwei Zahlen im Inch-Maß angegeben, z. B. 35/34.

5. Schadensregulierung und Zeitwerttabelle

RAL-RG 995 Begriffsbestimmung

Mit der RAL-Begriffsbestimmung werden zentrale Begriffe aus dem Gebiet der Textilpflege definiert. Unter anderem werden unterschiedliche Leistungen in Art und Umfang definiert. Der Vorteil der Begriffsbestimmung liegt darin, dass sich alle maßgeblichen Verkehrskreise auf eine einheitliche Sprache geeinigt haben und somit Missverständnissen entgegengewirkt wird. Der RAL-Begriffsbestimmung ist darüber hinaus zu entnehmen, welche Arbeitsschritte zur Erbringung einer bestimmten Leistung als Mindestvoraussetzungen erforderlich sind. Für den Kunden erhöht sich dadurch die Sicherheit, dass er bei der nach RAL angebotenen Leistung einen Mindeststandard an Leistungsumfang erhält. Es handelt sich allerdings nicht um ein Qualitätszeichen, sondern um Mindestvoraussetzungen. Von besonderer Bedeutung im Hinblick auf die Verantwortlichkeit von Schadensfällen ist, dass die RAL festlegt, dass die Pflegesymbole der Materialkennzeichnung übergeordnet sind. Entsteht also ein Schadensfall trotz Einhaltung der durch die internationale Pflegekennzeichnung definierten Parameter, liegt in der Regel ein Herstellermangel oder ein Gebrauchsschaden vor. Eine Änderung gegenüber der vorherigen RAL 990 A2, deren Nachfolge die RAL 995 antritt, besteht auch in der Begrifflichkeit. Für „Kleiderbad“, das als Begriff nicht mehr aufgegriffen wird, stehen nun wahlweise die Begriffe „Standardreinigung“ oder „Basisreinigung“ zur Verfügung. Für die Leistungsart „Vollreinigung“ steht zusätzlich der Begriff „Premiumreinigung“ zur Auswahl. Beim Leistungsumfang entfällt die „einfache Fleckentfernung“, die beim ehemaligen „Kleiderbad“ (neu „Basisreinigung“) mit enthalten war. Bei der „Vollreinigung“ wird nun eine eventuell nötige Nassbehandlung mit eingeschlossen.

Die RAL 995 wurde von einer Expertengruppe des Deutschen Textilreinigungsverbandes (DTV) erarbeitet und in einem Anhörungsverfahren mit den interessierten Fach- und Verkehrskreisen abgestimmt.

Die RAL-RG 995 wurde im Dezember 2014 vom RAL Institut veröffentlicht und kann beim Beuth-Verlag bezogen werden (www.beuth.de).

Schuldhaftigkeit der Schädigung

Eine wichtige Voraussetzung für eine gesetzliche Ersatzpflicht ist die Verschuldung. Ist in einem Reinigungsbetrieb eine Schädigung entstanden, beispielsweise durch einen Wasserrohrbruch im Fertigteilelager des Betriebes, ist eine Verschuldung meist nicht gegeben. Insoweit hat der Kunde dann auch keinen Anspruch auf Ersatzleistung durch die Reinigung. Ähnliches gilt für einen vom Betrieb unverschuldeten Brandfall. Es würde in diesen Fällen die Hausratsversicherung des Kunden Ersatz leisten – sofern der Kunde eine solche abgeschlossen hat. Haftungspflichten aufgrund von Verschulden liegen in der Regel bei Falschbearbeitung und bei Verlust von Textilien vor. Ein weiteres Beispiel eines in der Textilreinigung nicht schuldhaft hervorgerufenen Schadens ist der Schadensfall Nr. 6.

Vorgehensweise bei der Schadenregulierung

Um einen Schaden oder Verlust zügig regulieren zu können, bedarf es neben den persönlichen Angaben des Kunden auch der Ermittlung der Angaben, aus denen sich der Wiederbeschaffungswert errechnen lässt.

Ermittlung der Angaben zur Anschaffung des Textils

Auftragsnummer: ______________________________

Datum des Reinigungs-/Waschauftrages: ______________________

Einholen der Angaben zur Anschaffung und Alter

Anschaffungszeitpunkt: ______________________________

Verkäufer (mit Anschrift): ______________________________

Anschaffungspreis: ______________________________

Beleg oder Quittung, falls vorhanden

Geschädigter: ______________________________

Name, Vorname: ______________________________

Straße: ______________________________

Postleitzahl und Ort: ______________________________

Telefon: ______________________________

E-Mail: ______________________________

Bankverbindung: ______________________________

Unterschrift, mit der erklärt wird, dass die gemachten Angaben der Wahrheit entsprechen: ______________________________

Zeitwerttabelle

Der Zeitwert – oder juristisch korrekter der Wiederbeschaffungswert – von Textilien ist von Interesse, wenn Schadensersatz für Textilien zu leisten ist. Das ist der Fall, wenn das Textil eines Kunden verloren gegangen ist oder durch den Textilreinigungsbetrieb beschädigt wurde.

Zunächst muss geprüft werden, ob es für den betreffenden, meist gebrauchten Artikel einen Markt gibt.

Marktpreis

Die Bestimmung des Marktpreises hat stets Vorrang vor anderen Methoden, den Zeitwert zu ermitteln. Der Marktpreis ergibt sich jedoch nicht aus wenigen, einzelnen Angeboten, sondern es muss eine größere Anzahl dieses Artikels, der von verschiedenen Anbietern angeboten wird, mit statistischen Methoden ausgewertet werden. Leider bietet der Markt in den seltensten Fällen hierzu belastbare Informationen. Sofern am Markt keine belastbaren Informationen zu erhalten sind, muss der Zeitwert bzw. der Wiederbeschaffungswert mehr oder weniger geschätzt werden.

Schätzung nach Tabelle

Weil die Orientierung am Marktpreis nur für einige wenige gebrauchte Textilarten möglich ist, muss der Wiederbeschaffungswert in den meisten Fällen geschätzt werden. Dazu dient die Textilwerttabelle, die auch als Zeitwerttabelle bekannt ist.

Die Zeitwerttabelle der öffentlich bestellten und vereidigten Sachverständigen für das Textilreinigerhandwerk ist ein über Jahrzehnte bewährtes, einfaches Hilfsmittel auf dem Weg zu einer plausiblen Schätzung. Sie ist einfach und praktisch in der Handhabung, sodass sie selbst an der Ladentheke verwendet werden kann. Aus diesem Grund wird sie nicht nur in der Textilreinigungsbranche anerkannt, sondern auch von dem Modeverband GermanFashion, der Branchenvertretung der Textilhersteller in Deutschland, dem Dialog Textil-Bekleidung (DTB) und von den Versicherern.

Die Zeitwerttabelle wurde vormals vom Forschungsinstitut Hohenstein herausgegeben. Inzwischen haben die öffentlich bestellten und vereidigten Sachverständigen des Textilreinigungshandwerks diese Aufgabe übernommen, organisatorisch unterstützt vom Deutschen Textilreinigungsverband (DTV).

Die Schätztabelle besteht aus einem einleitenden Teil, der die Anwendung der Tabelle erläutert. Die einleitenden Texte zur Nutzung der Zeitwerttabelle sind zu beachten (vgl. Seiten 165 bis 168).

In jedem Fall ist für die Anwendung der Tabelle die korrekte Zuordnung des jeweils vorliegenden oder in Verlust geratenen Artikels zur passenden Artikelgruppe wichtig. Daraus ergibt sich die durchschnittliche Lebenserwartung, die wiederum als Grundlage für die Berechnung des Wiederbeschaffungswertes dient. Sind die wertbestimmenden Eigenschaften mit einer anderen Artikelgruppe größer, kann im begründeten Einzelfall die Zuordnung zu einer anderen Gruppe erfolgen. Weiterhin ist der Erhaltungszustand vor Schadenseintritt ein wesentliches Merkmal. Auch dieser muss sorgfältig zugeordnet werden.

Vorsicht und Zurückhaltung sind indessen immer dann geboten, wenn die behaupteten Anschaffungsdaten vom Anspruchsteller nicht hinreichend belegt sind und diese zweifelhaft erscheinen. Das gilt besonders bei Verlustreklamationen, bei denen Teile „neu“, „bestens erhalten“ und „sehr teuer“ gewesen sein sollen. Bei Bearbeitungsschäden lassen sich die werterheblichen Faktoren ohne Vorlage der Anschaffungsrechnung noch relativ leicht an der beschädigten Textilie selbst prüfen. Bei fraglichen und unrealistischen Angaben des Reinigungskunden sollte das Errechnen des Zeitwertes nicht so erfolgen, als wäre die Beweislage klar. Unangemessen und überflüssig ist in diesen Fällen eine komplizierte Berechnung unter Berücksichtigung der Verbraucherpreisentwicklung. Wenn die Schadenshöhe nicht hinreichend erwiesen ist und zudem fraglich erscheint, darf die Schätzung auch abweichend von allen Formeln und Tabellen nach anderen Kriterien erfolgen.

Verlust von Textilien

Im Falle eines Verlustes wird, sofern nichts anderes bekannt, von einem durchschnittlichen Erhaltungszustand ausgegangen.

Verbraucherpreisentwicklung

Sofern sich die Schätzung der Ersatzleistung auf einen Anschaffungsbeleg aus der Vergangenheit stützt, können die jeweils aktuell geltenden Aufschläge zum Anschaffungspreis beim Deutschen Textilreinigungsverband (DTV) unter www.dtv-bonn.de oder direkt von der Homepage des Statistischen Bundesamtes unter www.destatis.de abgerufen werden.

Aufschlag zum Anschaffungspreis											
Textilien – Verbraucherpreisentwicklung Einzelhandel Beschädigung/Verlust in 2015											
Anschaffungsjahr	2004	2005	2006	2007	2008	2009	2010	2011	2012	2013	2014
Aufschlag in %	5,5	8,2	8,7	7,4	6,8	5,5	6,5	5,4	3,2	2,3	0,8

(Quelle: Statistisches Bundesamt, Stand Februar 2015)

Beispiel:

Bei Schadenseintritt im Jahr 2015 müssen zum Anschaffungspreis von beispielsweise 120,- € im Jahr 2008 noch 6,8 % des Anschaffungspreises hinzugerechnet werden. Das wären 8,16 €. Die Beschaffung eines neuen ungebrauchten, gleichwertigen Textils würde also im Jahr 2015 128,16 € kosten. Handelt es sich um eine gebrauchtes Textil, das geschädigt wurde, werden von dem errechneten aktuellen Aschaffungspreis die Abschläge entsprechend der Tabelle berechnet.

Bei Teilen, deren Lebenserwartung bereits überschritten ist, erfolgt keine Hinzurechnung der Verbraucherpreisentwicklung.

Schätzung durch Anwendung einer Rechenformel

Es ist auch möglich, den Wiederbeschaffungswert mithilfe einer einfachen Rechenformel zu schätzen. Der Versicherungsmakler Versteegen Assekuranz AG hat in Anlehnung an die Zeitwerttabelle der Sachverständigen eine einfache Formel zur monatsgenauen Berechnung des Zeitwertes erarbeitet (vgl. Seiten 169 bis 171). Ausgehend von den Angaben zur durchschnittlichen Lebenserwartung (Nutzungsdauer) der Zeitwerttabelle erfolgt die Schätzung im Vergleich zur Tabelle auf den Monat genau und nicht abgestuft nach Zeiträumen. Diese Methode ist zwar aufwendiger, lässt jedoch eine genauere und deshalb belastbarere Schätzung zu. Besonders bei sehr hochpreisigen Textilien und sehr kritischen Kunden kann diese Vorgehensweise vorteilhaft sein. Auch bei dieser Berechnungsmethode wird, unter Bezugnahme auf den Anschaffungsbeleg aus der Vergangenheit, ein prozentualer Aufschlag zum Anschaffungspreis hinzugerechnet.

Zusammenfassend können sowohl die Zeitwerttabelle des DTV als auch die Methode von Versteegen Grundlage für den individuell zu ermittelnden Wiederbeschaffungswert sein. Die Ermittlung des Wiederbeschaffungswertes gehört zum Tätigkeitsfeld der Sachverständigen für das Textilreinigerhandwerk und kann von diesen im Streitfall durchgeführt werden. So sind es doch die öffentlich bestellten und vereidigten Sachverständigen für die Textilreinigung, die die meiste Erfahrung im Umgang mit gebrauchten Textilien haben und über das Wissen verfügen, um deren weitere Nutzung über eine angemessene Pflegebehandlung zu sichern oder überhaupt wieder herzustellen.

Zeitwerttabelle für Textilien und Leder, Stand 01.03.2015

Muss **Schadenersatz** aufgrund von Beschädigung oder Verlust von Kleidungsstücken geleistet werden, stellt sich immer wieder die Frage nach dem verbleibenden Wert der Textilien.

Verschuldenshaftung heißt in der Regel **Haftung in Höhe des Zeitwertes**; d. h. die Umstände des Alters und des Gebrauchs sind bei der Entschädigung zu berücksichtigen. Der Zeitwert liegt damit in der Regel unterhalb des Neuwertes.

Diese Ausarbeitung durch die öffentlich bestellten und vereidigten Sachverständigen im Textilreinigungsgewerbe (Reinigung und Wäscherei) soll dazu dienen, einen nachvollziehbaren und vergleichbaren Zeitwert ermitteln zu können. Hierdurch kann in der Mehrheit der Fälle Klarheit über die Höhe einer angemessenen Entschädigung geschaffen werden. Dabei ist zu berücksichtigen, dass Textilien Gebrauchsgegenstände sind, die naturgemäß durch die Benutzung, aber auch alleine aufgrund der Alterung an Wert verlieren. Im Schadensfall besteht lediglich Anspruch auf Ersatz des Wertes vor Eintritt des Schadensfalls, so dass zur Feststellung der Schadenshöhe der so genannte Zeitwert ermittelt werden muss.

In einigen Fällen wird darüber hinaus, wie bisher, ein öffentlich bestellter und vereidigter Sachverständiger für das Textilreinigungsgewerbe zur Zeitwertermittlung benötigt werden, der befähigt ist den Wert individuell zu ermitteln. Gerade in Fällen, bei denen es um höhere Werte geht und besondere Umstände zum Tragen kommen, kann die Zeitwerttabelle die Taxierung durch den Sachverständigen nicht ersetzen.

Diese Ausarbeitung dient, wie bereits in der Vergangenheit, dazu, Textilreinigungen und Kunden, Schieds- und Prüfstellen, sowie Gerichten bei der Ermittlung von Zeitwerten eine wichtige Orientierung zu geben.

In die vorliegende Überarbeitung der alten Zeitwerttabelle wurden wieder die Sachkenntnisse der unterschiedlichen Akteure aus dem Textilbereich miteinbezogen. Verbraucher, Hersteller und Händler haben ebenso mitgewirkt, wie Forschungsinstitute, Versicherungswirtschaft und verschiedene Verbände.

Für Ihre Mitarbeit sei an dieser Stelle nochmals herzlich gedankt.

In der vorgelegten Tabelle werden nicht erfasst:

Antiquarische Textilien: Bei antiquarischen Artikeln wird von einem Preis ausgegangen, den vergleichbare Textilien im Mittel beim Antiquitätenhandel kosten.

Höherwertige Orientteppiche: Bei höherwertigen Orientteppichen sollte ein Sachverständiger für die Wertermittlung von Orientteppichen hinzugezogen werden.

Ideelle Werte: Die ideellen und subjektiven Werte einer Textilie sind oftmals wesentlich höher, als der materielle, objektive Wert. Persönliche Gefühle und Einschätzungen des Besitzers müssen aber von Rechts wegen bei der Bemessung des Zeitwertes außer acht bleiben.

Einmalartikel: Textilien, die nicht pflegbar sind, die also weder gereinigt noch gewaschen werden können, sind als **„Einmalartikel"** zu bewerten. Mit dem Erreichen der Pflegebedürftigkeit sind diese demzufolge materiell wertlos.

PSA-Schutzbekleidung: Diese Kleidung muss nicht nur einer Anforderung genügen, sondern mehrere Schutzfunktionen gleichzeitig erfüllen. Die Lebenserwartung orientiert sich an den für PSA-Bekleidung festgelegten Pflegezyklen und richtet sich nach der Schutzfunktion mit der geringsten Lebenserwartung. Bei der Ermittlung des Zeitwertes sind die betreffenden Normen zu berücksichtigen.

Erforderliche Daten für die Zeitwertermittlung

Unbedingt werden immer benötigt

- Anschaffungspreis,
- Alter,
- durchschnittliche Lebenserwartung und
- Erhaltungszustand des Gegenstandes.

Nachweispflicht

Der Nachweis der Schadenshöhe ist immer vom Anspruchsteller zu führen und zwar nach Möglichkeit durch **Nachweis des Anschaffungspreises und des Alters** anhand des seinerzeitigen **Kaufbeleges**.

Grundsätzlich ist der zu entschädigende **Gegenstand** selbst **das bedeutendste Beweismittel** für die Ermittlung der Schadenshöhe. An diesem Beweismittel sind alle Daten zu überprüfen, die der Zeitwertermittlung dienen. Gegebenenfalls können daran das Alter und der Anschaffungspreis geschätzt werden.

Handelt es sich bei dem Anspruchsteller um eine **Firma**, so ist diese aufgrund gesetzlicher Bestimmungen verpflichtet, Belege mindestens für die Dauer von 10 Jahren aufzubewahren. Ohne Vorlage eines solchen Anschaffungsbeleges durch eine Firma, kann bei der Zeitwertermittlung von einem Alter der Teile von über 10 Jahren ausgegangen werden.

Privatkunden sind gesetzlich nicht verpflichtet, Kaufbelege aufzubewahren. Allerdings darf von Privatkunden, im Hinblick auf die zweijährige gesetzliche Gewährleistung, erwartet werden, dass Belege mindestens für diesen Zeitraum aufbewahrt werden. Liegt bei Privatkunden kein Kaufbeleg mehr vor, so sind die Anschaffungsdaten von diesem schriftlich zu erklären. Sollten sich **nachvollziehbare Zweifel an der Richtigkeit der Belege bzw. der behaupteten Anschaffungsdaten** ergeben, lassen sich in der Regel unter Hinweis auf die Nachweislücken und eventuelle Widersprüche **höhere Zeitwertabzüge**, als in der Zeitwerttabelle angegeben, rechtfertigen.

Lebenserwartung

Die durchschnittliche Lebenserwartung von Textilien ist, in Abhängigkeit von der Beschaffenheit der Textilie, sehr unterschiedlich. Schon nach einmaligem Gebrauch einer Textilie ist aus merkantilen Gründen ein Zeitwertabzug von 10% gerechtfertigt. Nur bei ungebrauchten Textilien, die vor längstens einem halben Jahr gekauft wurden, ist der Zeitwert mit dem Neuwert identisch. Grundsätzlich beeinflussen auch modische und ästhetische Aspekte die Lebenserwartung von Textilien. So ist beispielsweise ein **hochmodisches Teil** bei gleicher Beanspruchung weniger lange verwendungsfähig als ein zeitloses.

Auch der Verwendungszweck muss hier gegebenenfalls abweichend berücksichtigt werden. Beispielsweise liegen bei **gewerblich genutzten Textilien** - etwa im Hotel- und Gastronomiebereich - gegenüber privat genutzten Textilien sowohl die Anforderungen an den Erhaltungszustand, als auch an die Beanspruchung durch häufige Wasch- und Reinigungsbehandlungen deutlich höher. Dementsprechend haben identische Artikel im gewerblichen Einsatz eine **deutlich geminderte Lebenserwartung.**

Objektwäsche und Berufskleidung.

Bei der Bewertung sind der Erhaltungszustand, der Verwendungszweck, die Anzahl der Waschzyklen und die Materialbeschaffenheit wichtige Entscheidungsfaktoren. Grundsätzlich ist hier von einer durchschnittlichen Lebenserwartung von maximal 100 Waschzyklen auszugehen. Falls keine anderen Angaben vorliegen, werden 50 Waschzyklen pro Jahr angenommen. Daraus errechnet sich somit die Lebenserwartung wie folgt: 50 Waschzyklen pro Jahr ergeben eine Lebenserwartung von 2 Jahren.

Quelle: Deutscher Textilreinigungs-Verband e.V.
Der DTV aktualisert die Schadensberechnung jährlich.

Wert von alten Textilien

Natürlich werden in der Praxis Textilien über die in der Tabelle angegebene durchschnittliche Lebenserwartung hinaus uneingeschränkt genutzt. Dieser Umstand wird dadurch in der Tabelle abgebildet, dass der Zeitwert nach Überschreiten der Lebenserwartung nicht auf Null sinkt.

Erhaltungszustand

Der Erhaltungszustand der Textilien unmittelbar vor Übernahme durch die Reinigung oder Wäscherei ist ein weiterer, wichtiger Faktor bei der Ermittlung des Zeitwertes.

Die Tabelle gilt ausschließlich für Gegenstände mit überdurchschnittlichem, durchschnittlichem und unterdurchschnittlichem Erhaltungszustand. Im Falle eines **schlechten** Erhaltungszustandes ist von Fall zu Fall der konkrete Zeitwertabzug zu ermitteln.

Überdurchschnittlicher Erhaltungszustand:
Die Textilie hat keinerlei unentfernbare Flecken oder Aufhellungen, keine Gebrauchsspuren und keine sonstigen Mängel.

Durchschnittlicher Erhaltungszustand
Die Textilie hat keine unentfernbare Flecken oder Aufhellungen. Sie weist geringe Gebrauchsspuren und keine sonstigen Mängel auf.

Unterdurchschnittlicher Erhaltungszustand:
Die Textilie hat bereits sichtbare Verschleißstellen oder kleinere, sichtbare nicht entfernbare Verschmutzungen. Ästhetische Funktion und Schutzfunktion sind ansonsten nicht beeinträchtigt.

Irreparable und augenfällige Gewebeschäden, lokale Aufhellungen und andere, stark von der ursprünglichen Form abweichende Zustände können unter Umständen so gravierend sein, dass die ursprüngliche Gebrauchsfähigkeit nicht mehr gegeben ist. Eine solche Textilie ist gegebenenfalls bereits vor Erteilung des Bearbeitungsauftrages **wertlos.**

Sonderfälle

Mehrteilige Textilien

Bei mehrteiligen Textilien gilt: Sind diese nicht zusammen abgegeben worden, wurde der Zusammenhang der Textilien aufgegeben. Das bedeutet, es wird bei der Schadensermittlung nur von den Teilen ausgegangen, die gemeinsam zur Bearbeitung abgegeben wurden.

Mehrteilige Textilien haben folgende Wertanteile:			
Komplett	Jacken	Hose/Rock	Weste
Zweiteiler	2/3	1/3	
Dreiteiler	1/2	1/4	¼

Brautkleider und weiße Kommunionkleider

Diese werden in der Regel für einen einmaligen Zweck hergestellt und angeschafft. Der Zeitwert liegt hier grundsätzlich bereits nach einmaligem Gebrauch entsprechend dem Marktwert zwischen 30 % und 50 % des Neupreises.

Genaue Artikelbezeichnung nicht gefunden

Sollte in der Tabelle „Durchschnittliche Lebenserwartung von Textilien in Jahren" der gesuchte Artikel nicht zu finden sein, kann hilfsweise auf die Lebenserwartung eines vergleichbaren Artikels zurückgegriffen werden.

Handhabung der Zeitwerttabelle

1. Schritt: Textilien mit entsprechender Lebenserwartung heraussuchen;

2. Schritt: In der Zeitwerttabelle die Spalte mit der entsprechenden Lebenserwartung suchen;

3. Schritt: In der Spalte das Alter des zu ersetzenden Gegenstandes suchen;

4. Schritt: In der Zeile mit dem Alter nach rechts in die Rubrik Zeitwert gehen;

5. Schritt: Entsprechend dem Erhaltungszustand den Prozentsatz des Anschaffungswertes entnehmen;

6. Schritt: Über die Prozentrechnung den Zeitwertbetrag in Euro ermitteln.

Quelle: Deutscher Textilreinigungs-Verband e.V.
Der DTV aktualisert die Schadensberechnung jährlich.

Durchschnittliche Lebenserwartung von Textilien in Jahren			
Bekleidung, allgemein		**spezielle Herrenbekleidung**	
Baumwollhosen, Jeans- u. Cordhosen	2	Anzüge	s. Sakkos
Berufswäsche, Berufsbekleidung (= BK)	2	Hemden	2
		Pullover, Strickjacken	3
Halstücher, Krawatten, auch aus Seide	2	Sakkos, Blazer aus Baumwolle, Leinen, Seide	3
Handschuhe	2	Sakkos, Blazer aus Wolle und Synthetik	4
hochmodische Oberbekleidung	2	Smokings, Fracks, Abendanzüge	6
Hosen aus Baumwolle, Leinen und Seide	2	Trachtenanzüge	5
Hosen aus Wolle und Synthetik	3		
Hüte, Mützen und Schals	3	**Heim-, Haus- u. sonstige Textilien**	
Jacken aus Wolle oder Popeline	4	Bettwäsche, privat	6
		Bettwäsche, gewerblich	2
leichte Sport- und Hausbekleidung	2	Bezugsstoffe aus textilem Material	6
Mäntel aus Popeline	4	Gardinen, Dekos, leichte Qualität	5
Mäntel aus Wolle	5	Gardinen, Dekos, schwere Qualität	10
Mäntel u. Jacken aus beschichtetem Material	2	Gardinen, Dekos aus beschichtetem Material	5
Mäntel u. Jacken aus Mikrofaser	3	Gardinen, Dekos aus Seide, ungefüttert	2
Mäntel u. Jacken aus Veloursledersimitation	3	Gardinen, Dekos aus Seide, gefüttert	4
		Handtücher gewerblich	2
Motorradanzüge und -jacken, textiles Material	4	Handtücher, privat	4
		Kissen	4
Skianzüge, -jacken, -hosen	4	Lamellenvorhänge	6
Socken und Strümpfe	1	Markisenstoffe	6
Unterwäsche	2	Matratzenbezüge	7
Wanderbekleidung /Outdoorbekleidung	4	Oberbetten, gewerblich	3
Westen	3	Oberbetten privat	7
spezielle Damenbekleidung		Persenning für Boot oder Auto	8
		Segel	8
Abend-Cocktailkleid, hochmodisch	2	Tages-, Woll-, Steppdecken	8
Abend-Cocktailkleid, klassisch	4	Teppiche, geknüpft: Berber, Nepal, Tibet, Gabbeh	10
Blusen	3	Teppiche, gewebt: Flicken, Kelim	6
Braut- u. weiße Kommunionkleider nach Marktwert	s. Text	Teppiche, Tufting, Teppichböden	6
Kleider	3	Tischwäsche, gewerblich	2
Kostüme / Hosenanzüge, klassisch	4	Tischwäsche privat	6
Kostüme / Hosenanzüge, modisch	2	Wasserbettbezüge	5
Pullover und Strickjacken	2	Zelte	4
Röcke aus Baumwolle, Leinen und Seide	2		
Röcke aus Wolle und Synthetik	3		
Trachtenkostüme	5		

Zeitwerttabelle für Textilien Tabelle gilt nicht für Textilien mit schlechtem Erhaltungszustand									**Zeitwert** in % des Anschaffungswertes		
ausschließlich ungebrauchte Teile und jünger als 6 Monate									100 %		
Lebenserwartung in Jahren									Erhaltungszustand		
1	2	3	4	5	6	7	8	10	**überdurchschnittlich**	**durchschnittlich**	**unterdurchschnittlich**
Vollendetes Alter der Teile											
	0 – 3 Monate	0 – 3 Monate	0 – 3 Monate	0 – 4 Monate	0 – 5 Monate	0 – 7 Monate	0 – 9 Monate	0 – 12 Monate	90 %	80 %	50%
	4 – 6 Monate	4 – 9 Monate	4 –12 Monate	5 -15 Monate	6 – 19 Monate	8 – 26 Monate	10 - 35 Monate	1 - 3 Jahre	80 %	70 %	40 %
	7 - 12 Monate	10 - 18 Monate	13 - 24 Monate	16 - 29 Monate	20 – 31 Monate	27 – 35 Monate	36 - 47 Monate	4 – 5 Jahre	70 %	60 %	30 %
0 – 6 Monate	13 - 18 Monate	19 - 27 Monate	25 - 36 Monate	30 - 45 Monate	32 – 47 Monate	3 – 5 Jahre	4 – 5 Jahre	6 - 7 Jahre	50 %	40 %	20 %
7 – 12 Monate	19 - 24 Monate	28 - 36 Monate	37 - 48 Monate	46 - 60 Monate	4 – 6 Jahre	6 – 7 Jahre	6 - 8 Jahre	8 - 10 Jahre	30 %	20 %	10 %
über 12 Monate	über 24 Monate	über 36 Monate	über 48 Monate	über 60 Monate	über 6 Jahre	über 7 Jahre	über 8 Jahre	über 10 Jahre	20 %	15 %	5 %

Dialog Textil-Bekleidung

Quelle: Deutscher Textilreinigungs-Verband e.V.
Der DTV aktualisert die Schadensberechnung jährlich.

Durchschnittliche Lebenserwartung von Leder und Lederbekleidung in Jahren					
Allgemein		**spezielle Damenbekleidung**		**spezielle Herrenbekleidung**	
Hüte und Mützen	3	Blusen	3	Anzüge, Nappaleder	6
Jacken, Anilinleder	5	Handtaschen modisch	2	Anzüge, Velourleder	4
Jacken, Nappaleder	6	Handtaschen klassisch	5	Anzüge, Wildleder	4
Jacken, Pelzvelours	6	Handschuhe	4	Anzüge, Wildleder-Trachten	8
Jacken, Veloursleder	5	Hosen	4	Handschuhe	4
Mäntel, Anilinleder	5	Hosenanzüge	5	Hemden	3
Mäntel, Nappaleder	6	Kleider, Nappaleder	4	Hosen, Nappaleder	5
Mäntel, Pelzvelours	6	Kleider, Veloursleder	4	Hosen, Rindspaltleder	8
Mäntel, Veloursleder	5	Kostüme	5	Hosen, Veloursleder	4
Motorradanzüge	8	Röcke, Nappaleder	6	Hosen, Wildleder-Trachten	8
Motorradhandschuhe	4	Röcke, Veloursleder	6	Krawatten	2
Motorradkombis	6	Tops	4		
Westen	3				
Möbelbezüge	10				
bei modischer Ausführung der Teile sind die Angaben um 2 Jahre zu reduzieren					

Handhabung der Zeitwerttabelle für Leder

1. Schritt: Das zu ersetzende Lederteil heraussuchen;

2. Schritt: In der Zeitwerttabelle die Spalte mit der entsprechenden Lebenserwartung suchen;

3. Schritt: In der Spalte das Alter des zu ersetzenden Gegenstandes suchen;

4. Schritt: In der Zeile mit dem Alter nach rechts in die Rubrik Zeitwert gehen;

5. Schritt: Entsprechend dem Erhaltungszustand den Prozentsatz des Anschaffungswertes entnehmen,

6. Schritt: Über die Prozentrechnung den Zeitwertbetrag in Euro ermitteln.

Zeitwerttabelle für Leder Tabelle gilt nicht für Leder mit schlechtem Erhaltungszustand									**Zeitwert** in % des Anschaffungswertes		
ausschließlich für ungebrauchte Teile und jünger als 6 Monate									100 %		
Lebenserwartung in Jahren									Erhaltungszustand		
1	2	3	4	5	6	7	8	10	**überdurch durch-schnittlich**	**durch-schnittlich**	**unter-durch-schnitt lich**
Alter der Teile											
	0 – 3 Monate	0 – 3 Monate	0 – 3 Monate	0 – 4 Monate	0 – 5 Monate	0 – 7 Monate	0 – 9 Monate	0 – 12 Monate	80 %	70%	50 %
	4 – 6 Monate	4 – 9 Monate	4 –12 Monate	5 -15 Monate	6 – 19 Monate	8 – 26 Monate	10 - 35 Monate	1 - 3 Jahre	55 %	50 %	30 %
	7 - 12 Monate	10 - 18 Monate	13 - 24 Monate	16 - 29 Monate	20 – 31 Monate	27 – 35 Monate	36 - 47 Monate	4 – 5 Jahre	35 %	30 %	20 %
0 – 6 Monate	13 - 18 Monate	19 - 27 Monate	25 - 36 Monate	30 - 45 Monate	32 – 47 Monate	3 – 5 Jahre	4 – 5 Jahre	6 - 7 Jahre	25 %	20 %	10 %
7 – 12 Monate	19 - 24 Monate	28 - 36 Monate	37 - 48 Monate	46 - 60 Monate	4 – 6,5 Jahre	6 – 7 Jahre	6 - 8 Jahre	8 - 10 Jahre	15 %	10 %	5 %
über 12 Monate	über 24 Monate	über 36 Monate	über 48 Monate	über 60 Monate	über 6,5 Jahre	über 7 Jahre	über 8 Jahre	über 10 Jahre	10 %	5 %	0 %

Quelle: Deutscher Textilreinigungs-Verband e.V.
Der DTV aktualisert die Schadensberechnung jährlich.

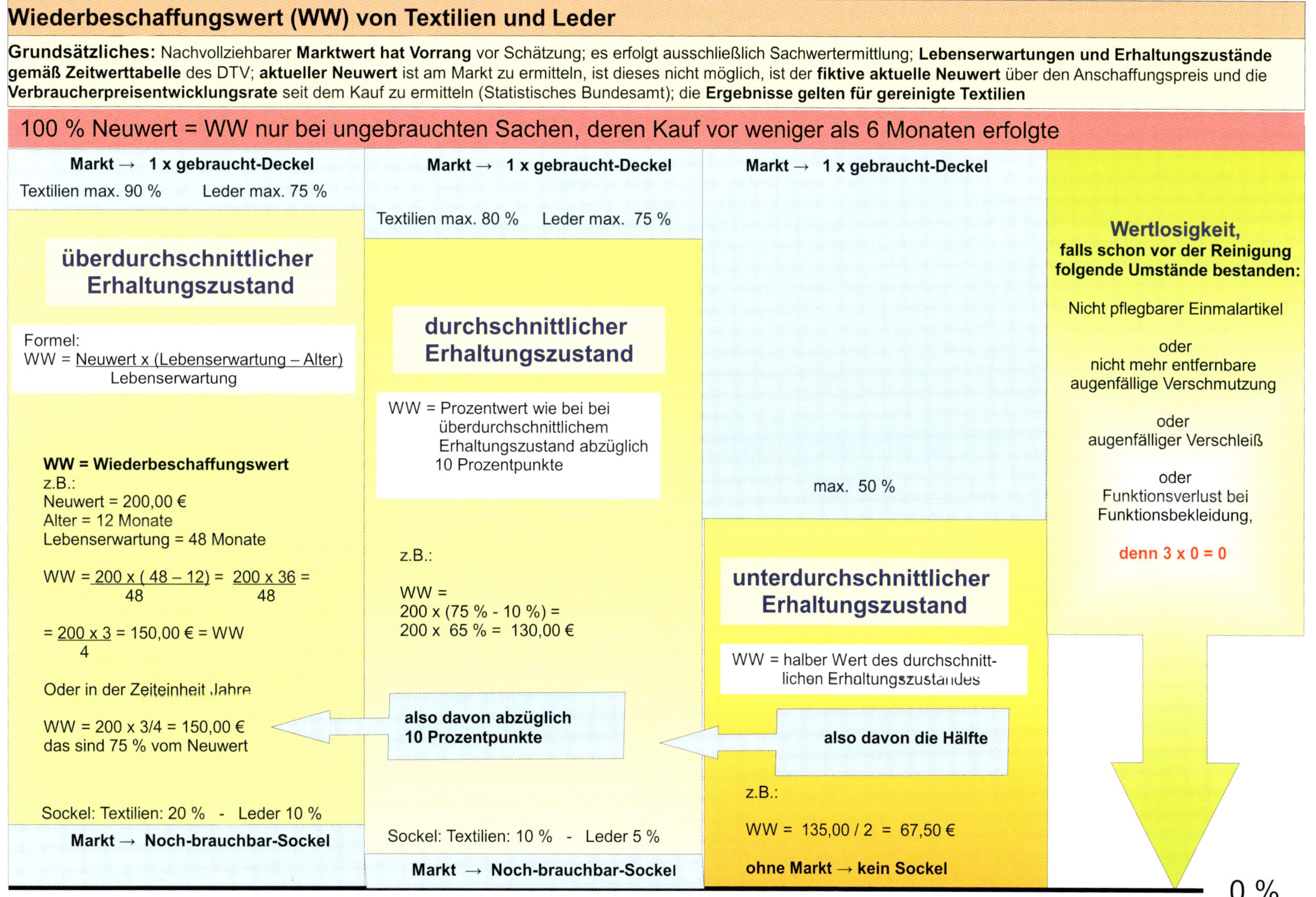

Quelle: Versteegen Assekuranz AG, Hans-Peter Schneider, Bonn

Gebrauchsanleitung des Kalkulators

Auf der Internetseite Versteegen Assekuranz AG www.versteegen.de kann auf eine Gebrauchsanleitung zurückgegriffen werden.

Dateneingabe

Benötigt wird zusätzlich die Zeitwerttabelle des DTV, wo die durchschnittliche Lebenserwartung der betreffenden Textilie ermittelt und die Zuordnung des Erhaltungszustandes getroffen wird.

Nach dem korrekten Befüllen der Eingabefelder kann mit dem Betätigen des entsprechenden Buttons die Berechnung vorgenommen werden.

Welches Berechnungsergebnis ist für welchen Fall zutreffend?

Die Ergebnisauswahl hängt davon ab, in welcher Qualität der Anspruchsteller seinen Nachweispflichten nachgekommen ist. Die nachfolgende Tabelle soll zur schnellen und sicheren Entscheidungsfindung beitragen.

Entscheidungstabelle für die Auswahl der Berechnungsergebnisse des Wiederbeschaffungswert-Kalkulators		
Bedingung	**Entscheidung/Ergebniswert**	**Hinweis**
Folgende Nachweise liegen vor: **Qualifizierter Anschaffungsbeleg** bzw. Anschaffungsrechnung der zu ersetzenden Sache **und Beleg über den aktuellen Neupreis** der wiederzubeschaffenden Sache, der vom Anspruchsteller vorgelegt oder über eigene seriöse Ermittlungen erlangt wird.	Der Wiederbeschaffungswert wird in der Zeile **ohne Berechnung der Verbraucherpreisentwicklung** in Abhängigkeit vom Erhaltungszustand abgelesen bzw. weiter nach eigenem Ermessen ermittelt, wenn er schlechter als unterdurchschnittlich nach der Definition der DTV-Zeitwerttabelle sein sollte.	Die Verbraucherpreisentwicklung ist damit hinreichend geklärt und braucht nicht besonders berücksichtigt werden. Der aktuelle Neupreis kann dabei über oder auch unter dem damaligen Anschaffungspreis liegen.

Entscheidungstabelle für die Auswahl der Berechnungsergebnisse des Wiederbeschaffungswert-Kalkulators		
Bedingung	**Entscheidung/Ergebniswert**	**Hinweis**
Folgende Nachweise liegen vor: **Qualifizierter Anschaffungsbeleg** bzw. Anschaffungsrechnung der zu ersetzenden Sache **und sonst nichts.** Der aktuelle **Neupreis lässt sich** auch **nicht** seriös **am Markt ermitteln.**	Der Wiederbeschaffungswert wird in der Zeile **mit Berechnung der Verbraucherpreisentwicklung** in Abhängigkeit vom Erhaltungszustand abgelesen bzw. weiter nach eigenem Ermessen ermittelt, wenn er schlechter als unterdurchschnittlich nach der Definition der DTV-Zeitwerttabelle sein sollte.	*Der fiktive aktuelle Neupreis muss unter Berücksichtigung der **Verbraucherpreisentwicklungswerte** nach den Feststellungen des Statistischen Bundesamtes berechnet werden.* ***Das erledigt das Programm automatisch.***
Folgende Nachweise liegen vor bzw. liegen nicht vor: Es **liegen keinerlei qualifizierte Belege** vor; es gibt **lediglich die Erklärung des Anspruchstellers** zum Anschaffungszeitpunkt, zum Anschaffungspreis und zum Anschaffungsort. Bei fehlender Plausibilität der Behauptungen des Anspruchstellers sowie eigenen weitergehenden Recherchen kann die Wiederbeschaffungswertermittlung auch auf der Basis eigener Ermittlungen erfolgen, die abweichend von den Angaben des Anspruchstellers sind.	Der Wiederbeschaffungswert wird in der Zeile **ohne Berechnung der Verbraucherpreisentwicklung** in Abhängigkeit vom Erhaltungszustand abgelesen bzw. weiter nach eigenem Ermessen (s. o.) ermittelt. Das Ergebnis unter Berücksichtigung eines **überdurchschnittlichen Erhaltungszustandes erfordert eine umfassende Plausibilitätskontrolle** an der zu ersetzenden Sache selbst. Sollte diese Prüfung nicht die behaupteten Anschaffungswerte nachvollziehbar erkennen lassen, ist maximal das Ergebnis für den durchschnittlichen Erhaltungszustand zu verwenden. Dieses gilt unter solchen Beweisumständen bei Verlustreklamationen grundsätzlich.	Die Schadenshöhe ist vom Eigentümer nicht vollumfänglich bewiesen. Dass es für Privatpersonen keine gesetzliche Rechnungslegungspflicht gibt, entlastet den Anspruchsteller nicht von seiner Beweispflicht im Schadensfall. Erfahrungsgemäß weichen unbelegte Behauptungen zum Anschaffungswert von zu ersetzenden Sachen oft von den tatsächlichen Ursprungswerten zugunsten der Anspruchsteller ab. Deshalb erfordert diese vage Beweislage nicht auch noch die Berücksichtigung der Verbraucherpreisentwicklung.

6. Rechtsstreitigkeiten und Schadensfallstatistik

Grundsätzlich ist zu empfehlen, bei Rechtsstreitigkeiten einen Anwalt einzuschalten. Erfahrung und professionelle Herangehensweise, Unterstützung bei der Einhaltung unterschiedlicher Formalitäten, die es zu beachten gilt (Mahnung, In-Verzug-Setzen etc.) und nicht zuletzt auch Beistand in einer etwaigen Verhandlung sind von einem Anwalt zu erwarten. Die hier gemachten Angaben ersetzen keinen anwaltlichen Beistand und sind nur allgemeiner Art.

In seltenen Fällen kann bei Schadensfällen trotz großer Mühe keine einvernehmliche Regelung gefunden werden. Die Vorstellungen, wie die Reklamation geregelt werden soll, liegen zu weit auseinander.

Selbstständiges Beweissicherungsverfahren

Hilft in einem Streitfall eine neutrale Tatsachenfeststellung weiter, gibt es die Möglichkeit eines Beweissicherungsverfahrens. Um dieses gerichtliche Verfahren in Gang zu setzen, muss man keine Klage erheben. Es genügt ein Antrag auf Beweissicherung beim zuständigen Gericht. Neben den anfallenden Gebühren muss der Antragsteller, nach Aufforderung durch das Gericht, einen Kostenvorschuss einbezahlen. In vielen Fällen handelt es sich dabei um ein Sachverständigengutachten, das möglichst verwertbare Tatsachenfeststellungen erheben soll.

Am Ende des Beweissicherungsverfahrens steht entweder ein Vergleich mit dem Antragsgegner, eine Klage oder - nichts (nämlich für den Fall, in dem der Antragsteller die Sache nicht weiter verfolgen möchte, weil er beispielsweise keine realistische Möglichkeit sieht, mit seiner ursprünglichen Forderung recht zu bekommen.)

Klage

Bis zu einem Streitwert von 5.000,- € sind bei Schadensersatzklagen die Amtsgerichte zuständig, bei höheren Beträgen muss die Klage eines Rechtsanwaltes bei einem Landgericht eingereicht werden. Während beim Amtsgericht keine Pflicht besteht, sich durch einen Anwalt vertreten zu lassen, ist es beim Landgericht sowohl für den Kläger als auch für den Beklagten Pflicht, sich durch einen Anwalt vertreten zu lassen.

Häufig schlägt der Richter zunächst einen Vergleich vor. Da er neutral ist und in der Regel über kein spezifisches Fachwissen verfügt, lautet der Vorschlag häufig, dass man sich „in der Mitte trifft". Der strittige Betrag wird bei diesem Vorschlag einfach halbiert. Das kann für beide Seiten ein günstiger Weg sein, um ein Prozessrisiko zu umgehen und den Streitfall schnell abzuschließen. Was zunächst als „zu schluckende Kröte" erscheint, kann sich im Fall, dass man den Prozess verliert, rückblickend als wahres „Schnäppchen" erweisen. Es gibt auch Fälle, in denen man nur eingeschränkt Recht zugesprochen bekommt (wenn man z. B. zu 70 % recht bekommt und zu 30 % nicht; in solch einem Fall muss man meist auch 30 % der Prozesskosten tragen). Man sollte jedoch auch wissen, dass das Schließen eines Vergleichs sowohl für den Anwalt als auch den Richter günstiger ist. Der Anwalt erhält eine höhere Gebühr, der Richter spart viel Zeit, die er für das Ausformulieren des Urteils benötigen würde.

Vor Gericht gibt es Unwägbarkeiten, in Bezug auf den Ausgang des Prozesses sind wenig verlässliche Prognosen möglich. Selbst ein Gutachten, das die Leistung der Textilreinigung positiv beurteilt, ist keine Garantie, dass der Richter dies in seiner Entscheidungsfindung berücksichtigt. In der Würdigung der Beweise ist der Richter vollkommen frei. Er hat auch die Möglichkeit, sich nur Teile eines Gutachtens zu eigen zu machen und andere zu verwerfen. Ein für die Reinigung oder Wäscherei zunächst „klarer Fall" kann so die ein oder andere überraschende Wendung bekommen. Das sollte man vor einem Rechtsstreit immer mit bedenken.

Gerichtliches Sachverständigengutachten

Sollte der Richter zu dem Schluss kommen, ein Sachverständigengutachten zu beauftragen, so formuliert er eine Fragestellung in einem Beweisbeschluss. Ein Sachverständiger muss sich in dem zu erstellenden Gutachten eng an die Fragestellung halten. Deshalb sollte darauf geachtet werden, dass auch die richtigen Fragen an den Sachverständigen gestellt werden. Ergeben sich am Beweisbeschluss Änderungswünsche, können diese kurzfristig bei Gericht eingereicht werden. Außerdem sind die Richter angehalten, öffentlich bestellte und vereidigte Sachverständige aus dem jeweiligen Bestellungsgebiet zu beauftragen. Nur diese haben eine Weiterbildungsverpflichtung und unterliegen der Aufsicht der jeweiligen Bestellungskammer. Das führt im Durchschnitt zu einer höheren Qualifikation und größeren Unabhängigkeit der Sachverständigen. Für gewerblich gewaschene oder gereinigte Textilien liegt die Zuständigkeit bei den Sachverständigen des Textilreinigerhandwerks. Das umfasst die kleine Reinigung an der Ecke bis hin zum Textilleasingunternehmen mit vielen Hundert Mitarbeitern.

Auch nach der Erstellung eines Gutachtens im Rahmen eines Gerichtsprozesses kann noch ein Vergleich geschlossen werden. Die Kenntnisnahme des Sachverständigengutachtens kann jedoch auch dazu führen, dass eine Klage zurückgezogen wird.

Ist ein Urteil durch das Gericht ergangen, können die Parteien unter bestimmten Voraussetzungen in Berufung gehen und somit das nächsthöhere Gericht mit einer Überprüfung des Streitfalles beauftragen. Das Urteil wird erst rechtsgültig, wenn innerhalb einer Frist von einem Monat keine Berufung eingelegt wurde. Sollte man in dem Streitfall unterliegen, ist man zumindest um eine Erfahrung reicher und muss, neben der Forderung der Gegenseite, die Gerichtskosten und die eigenen Kosten tragen. Hat man am Ende einen Prozess gewonnen, kann man sich in seiner Auffassung bestätigt sehen. Jedoch hat man mit großer Wahrscheinlichkeit einen Kunden verloren, der zudem dauerhaft schlecht über das Unternehmen reden wird, gegen das er erfolglos geklagt hat.

Zusammenfassend sei nochmals betont, dass man rechtliche Schritte ausschließlich mit einem Anwalt durchführen sollte, der sich in den Gegebenheiten des Zivilprozesses auskennt.

Tipp

Als Mitglied einer Handwerkskammer oder Industrie- und Handelskammer (IHK) erhält man von der jeweiligen Rechtsabteilung kostenlos rechtliche Erstauskünfte. Ein Service, der durch die Kammerbeiträge abgedeckt ist. Auch Mitglieder des Deutschen Textilreinigungsverbandes (DTV) und einiger anderer Verbände erhalten bei rechtlichen Fragen eine kostenlose Erstberatung.

Vorbeugende Maßnahmen zur Verhinderung eines Reklamationsfalles

Erfassung von Vorschädigungen bei der Abgabe

Bereits an Textilien vorhandene Schädigungen werden idealerweise schon bei der Abgabe im Beisein des Kunden notiert. Dadurch kann Reklamationen erfolgreich vorgebeugt werden.

Risikoübernahme bei der Abgabe

Werden besondere Risiken erkannt, sollte bereits bei der Abgabe darauf hingewiesen werden. Ein Formular hilft, das Beratungsgespräch zu protokollieren. Dabei ist das Formular so zu gestalten, dass ersichtlich wird, es handelt sich um eine Einzelvereinbarung. Dies kann durch handschriftliche Einträge geschehen. Vordrucke nur zum Ankreuzen werden vor Gerichten meist als Allgemeine Geschäftsbedingung (AGB) umgedeutet mit der Wirkung, dass die Risikoübernahme des Kunden dann unwirksam ist. Ein den Anforderungen des Gerichts entsprechendes Beratungsprotokoll kann jedoch bei einer juristischen Auseinandersetzung ein geeignetes Beweismittel sein, um glaubhaft zu machen, dass die Risiken besprochen und vom Kunden übernommen worden sind.

Fachmännische Warenschau

Die fachmännische Warenschau und das unmittelbar daran anschließende korrekte Sortieren der Ware ist ein zentraler Punkt, um Schadensfälle zu vermeiden. Hier wird die Basis für eine fachgerechte Bearbeitung des Auftrages geschaffen. (vgl. RAL-RG 995 Seite 160)

Risikoübernahme nach der fachmännischen Warenschau

Risiken für die Bearbeitung werden manchmal erst durch die In-Augenschein-Nahme von Fachleuten im Rahmen der Warenschau entdeckt, sodass die Ware zurückgestellt werden muss, um mit dem Kunden die Risikoübernahme zu vereinbaren.

Registrierung von Vorschäden

Vorschädigungen sind häufig erst im Rahmen der fachmännischen Warenschau zu erkennen. Durch den Eintrag dieser Schädigungen in ein Schadensbuch kann die Textilreinigung im Falle einer Reklamation schnell erkennen, ob der reklamierte Schaden bereits bestanden hat, und dies gegebenenfalls auch als Beweismittel gegenüber dem Kunden verwenden.

Schadensfallstatistik

Reklamationen und Schadensfälle gehören in der Textilreinigungsbranche dazu, da man in der Regel mit vielen unterschiedlichen und bereits gebrauchten Textilien arbeitet. Auch hervorragende Betriebe und kompetente Mitarbeiter begehen Fehler. Dazu addieren sich Vorschädigungen, die durch Gebrauch entstanden sind und durch Alterung. Auch Produktionsmängel können durch Textilpflegebehandlungen aufgedeckt werden. Zur Verdeutlichung können die langjährigen statistischen Mittelwerte der von Schiedsstellen und Sachverständigen untersuchten Schadensfälle herangezogen werden:

- ca. 30 % der Schädigungen werden von Verbrauchern verursacht
- ca. 30 % der Schädigungen werden von Textilreinigungen verursacht
- ca. 30 % der Schädigungen werden von Herstellern verursacht.
- ca. 10 % bleiben ungeklärt.

Ermittelt man die statistische Häufigkeit von Schadensfällen im jeweiligen Betrieb, kommt man in der Regel auf Promillewerte (1 Promille = 1 von 1000) unter 1. Dennoch, jeder betrieblich verursachte Schadensfall ist einer zu viel. Man sollte sich davon aber nicht beunruhigen lassen. Schadensfälle in der Textilreinigerpraxis gehören einfach dazu und müssen – vielleicht mithilfe des vorliegenden Ratgebers – professionell bearbeitet werden.

Schadensfallstatistik 2014 - Verursacher des Schadens

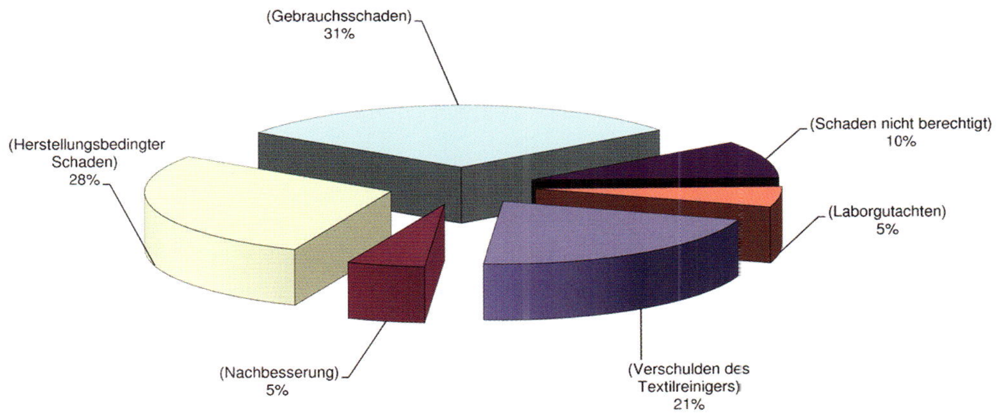

(Quelle: Deutscher Textilreinigungs-Verband, Bonn)

VI. Glossar

Abklatschen des Druckmusters	Unter Abklatschen des Druckmusters versteht man den ungewollten Vorgang, dass der Aufdruck eines lösemittel- oder wasserfeuchten, bedruckten Textils „ausblutet“, also Farbe auf einen sich damit in Kontakt befindenden Stoff abgibt.
Ablösen der Beschichtung	Siehe „Beschichtetes Gewebe“.
Ablösen der Beschriftung	Textilien können durch unterschiedliche Verfahren beschriftet werden. Je nach Verfahren können sich diese Beschriftungen auch ablösen (siehe auch Schadensfall Nr. 23, Seite 83 ff).
AGB – Allgemeine Liefer- und Geschäftsbedingungen	Die allgemeinen Lieferbedingungen ergänzen die Regelungen des Bürgerlichen Gesetzbuches (BGB). Für die Rechtsbeziehung zwischen Kunde und Textilreinigungsbetrieb sind sie wesentlich (vgl. Seite 144).
Aufhellung durch Bleichmittel	Durch die Verwendung von Bleichmitteln kann es zu ungewollten Aufhellungen von Einfärbungen kommen. In der farbschädigenden Wirkung unterscheiden sich die verschiedenen Bleichmittel erheblich.
Aufhellung durch optische Aufheller	Siehe „Farbveränderung durch optische Aufheller“ und Schadensfall Nr. 4., Seite 20 ff.
Aufhellung durch Aufrauung	Eine absichtliche oder unabsichtliche Aufrauung von Stoffen führt dazu, dass sich das Licht unterschiedlich bricht. Meist führt dies zu einer Aufhellung, da im Vergleich zum glatten Stoff mehr Licht gebrochen und so zurückgeworfen wird.
Ausbluten des Druckmusters	Siehe „Abklatschen“.
Beschichtetes Gewebe	Gewebe können mit unterschiedlichen Materialien beschichtet werden. Je nach Material, Ausführung und Alterungseinflüssen können sich diese Beschichtungen ablösen oder verändern (siehe auch Schadensfälle Nrn. 1 und 13).
Blasenbildung bei Beschichtungen	Siehe „Beschichtetes Gewebe“.
Blasenbildung bei Frontfixierungen und Kaschierungen	Siehe „Frontfixierung“.
Brandschaden	Textilien, die durch Rauchentwicklung im Rahmen eines Brandes durch Ablagerungen geschädigt wurden, lassen sich oft sanieren (siehe auch Schadensfall Nr. 14).

Brennprobe	Bei der Brennprobe handelt es sich um eine einfache Methode zur Bestimmung der Faserart einer Textilie (vgl. Seite 136).
Chargenschaden	Wenn eine ganze oder ein Großteil einer Maschinenfüllung von einer Schädigung betroffen ist, handelt es sich um einen Chargenschaden (siehe auch Schadensfall Nr. 6).
Dekatieren	Beim Dekatieren eines Stoffes im Textilreinigungsbetreib werden durch Dämpfen Spannungen aus dem jeweiligen textilen Flächengebilde entfernt (siehe auch Schadensfall Nr. 33).
Druckstellen im Flor	Druckstellen im Flor sind bei Viskosesamt in der Regel irreparabel. Bei Baumwollsamt können solche Druckstellen mit Detachieren und anschließendem leicht feuchtem Reinigen entfernt werden.
Einlaufen	Siehe „Maßänderung“ und Schadensfall Nr. 16.
Fachmännische Warenschau	Die fachmännische Warenschau ist eine wichtige Voraussetzung zur Vermeidung von Schadensfällen (vgl. RAL-RG 990).
Fadenzieher	Bei Fadenziehern handelt es sich um Fadenschlingen, die aus einem textilen Flächengebilde herausstehen (siehe auch Schadensfall Nr. 27).
Faltenbildung/Knitterbildung	Falten und Knitter in Textilien entstehen durch Gebrauch oder durch Waschen und Reinigen (siehe auch Schadensfall Nr. 30).
Farbveränderung an detachierten Stellen	Ergibt sich eine Farbveränderung an einer detachierten Stelle, kann es sich um Farbumschlag handeln. Dieser kann meist dadurch rückgängig gemacht werden, dass die detachierte Stelle neutralisiert. Manche Farbveränderung kann auch durch Retuschieren ausgeglichen werden. Dabei wird die fehlende Farbe mithilfe von Retuschierkissen und Retuschierstiften wieder aufgebracht.
Farbveränderung durch optische Aufheller	Durch die Verwendung von optischen Aufhellern, bespielsweise als Inhaltsstoff eines Vollwaschmittels, kann es zu Veränderungen des Farbtons kommen (siehe auch Schadensfall Nr. 4).
Farbunterschiede bei mehrteiligen Textilien	Mehrteilige Textilien sollten stets die gleiche Farbe aufweisen, Farbunterschiede sind unerwünscht (siehe auch Schadensfall Nr. 10).

Fasererkennung	Zur Analyse eines Schadensfalls ist die Kenntnis der Materialzusammensetzung ein wichtiges Kriterium (vgl. Seite 133 ff.).
Flecken (rechtliche Aspekte)	In der Regel wird die Fleckentfernung nicht ausdrücklich geschuldet. Die Pflicht der Bezahlung nach erfolgter Bearbeitung besteht auch dann, wenn die Fleckenentfernung nicht (vollständig) gelungen ist.
Flecken nach der Reinigung oder Wäsche	Nach Reinigung oder Wäsche sollten keine Flecken mehr vorhanden sein (siehe auch Schadensfall Nr. 3).
Flusenbildung	Flusen auf Textilien können das Aussehen der Textilien beeinträchtigen. Ziel einer Bearbeitung in Reinigung und Wäscherei ist deshalb auch, die Flusen zu entfernen (siehe auch Schadensfall Nr. 24).
Frontfixierung, mangelnde Frontfixierung	Sakkos und Blazer sind im Brustbereich meist mehrlagig gearbeitet, um einen gesteiften Eindruck zu erzeugen. Die Stofflagen sind teilweise mit Fixiereinlagen aneinandergeklebt. Die Klebekraft kann durch Alterung, Feuchtigkeitseinwirkung (auch Regen und Nebel) oder durch Lösemittel verloren gehen. Dadurch entsteht auf der Front des betreffenden Kleidungsstückes eine Wellen- oder Blasenbildung. In vielen Fällen kann durch geschicktes Bügeln die Fixierung wieder aktiviert und somit der Schaden behoben werden.
Geruch	Modergeruch: Bei Modergeruch handelt es sich um den Geruch durch Schimmelpilzbefall. Dieser lässt sich in vielen Fällen durch Reinigung unter Filtration durch Filterpulver mit Durchflussöffnungen von etwa 1my, die mit Anschwemmfilter erreicht werden können, gut entfernen. Bei waschbaren Teilen empfiehlt sich die Zugabe von Geruchsabsorber (siehe auch Schadensfall Nr. 15). Schweißgeruch: Schweißgeruch ist im Textil meist in wasserlöslicher Substanz gebunden. Er kann in der Regel mit örtlicher Detachur oder Wäsche unter Einsatz von Geruchsabsorber entfernt werden.
Gewebespannungen	Siehe „Maßänderungen“.
Gewebeverschiebungen	Bei Gewebeverschiebungen handelt es sich auf den ersten Blick meist um Löcher oder dunkle oder helle Stellen in einem Gewebe. Bei genauerem Hinsehen erkennt man, dass an diesen Stellen Kett- oder Schussfäden verschoben wurden (siehe auch Schadensfall Nr. 16).

Glanzstellen	Bei Naturfasermaterial sind Glanzstellen meist reparabel, bei Synthetikfaser meist irreparabel. Bei Synthetikfasern kann mit einem sehr feinen Schmirgelpapier und viel Geschick versucht werden, kleine Glanzstellen zu beseitigen.
Internationale Pflegekennzeichen	Bei den internationalen Pflegekennzeichen handelt es sich um durch internationale Normierungsprozesse definierte Symbole, deren Verwendung warenzeichenrechtlich geschützt ist (vgl. Seite 149 ff.).
Kleberflecken	Flecken von Zweikomponentenklebern gelten als nicht entfernbar. Viele Kleberflecken sind durch lange Einwirkung von klebstofflösenden Detachiermitteln und anschließender mechanischer Bearbeitung zu entfernen.
Klettverschlüsse	Klettverschlüsse bestehen aus einer Häkchenseite und einer Schlaufenseite, die nahezu beliebig oft auf und zu gemacht werden können. In geschlossenem Zustand verhaken sich die Häkchen in den Ösen. Durch einfaches Auseinanderziehen kann diese Verbindung wieder getrennt werden (siehe auch Schadensfall Nr. 31).
Knitterbildung	Siehe „Faltenbildung“.
Knöpfe	Verlust: Knöpfe gehen nur verloren, wenn sie nicht ausreichend befestigt sind. Hemdenknöpfe: Hemdenknöpfe gehen in sehr seltenen Fällen durch Gebrauch oder bei der Textilreinigung kaputt. Sind in einem Betrieb täglich defekte Hemdenknöpfe zu beklagen, wird die falsche Finishtechnik eingesetzt. Beschädigung (Posament, Perlmutt): Posamentknöpfe sind oft geklebt. Bei geklebten Knöpfen kann durch Wärme- oder Lösemitteleinfluss und Alterung die Klebekraft des Klebstoffs verloren gehen. Beschädigung des Textils durch Knöpfe: Es ist möglich, dass Textilien durch Knöpfe geschädigt werden (siehe auch Schadensfall Nr. 12).
Krumpfung	Siehe „Maßänderung“.

Kuli	Durch in der Ware verbliebene Kulis können bei der Reinigungs- oder Waschbehandlung Flecken entstehen. In solchen Fällen ergibt sich nicht automatisch ein Schadensfall. Kuliflecken können mithilfe lösemittelhaltiger Detachiermittel entfernt werden. Es kann zusätzlich eine Bearbeitung mit farbstoffaffinem Detachiermittel und im Anschluss mit einem Sauerstoffbleichmittel nötig werden.
Lappiger Griff	Ein lappiger Griff, also das zu weiche und dünne Anfühlen eines Stoffes kann mithilfe von Appreturmitteln auch nachträglich verbessert werden.
Lieferbedingungen	Siehe „AGB". Die Lieferbedingungen sind Bestandteil des Vertrags, der zwischen jedem Kunden und der Textilreinigung geschlossen wird (vgl. Seite 144 ff.).
Lieferzeit	Ein verbindlich zugesagter Liefertermin ist ein Vertragsbestandteil. Kann die Textilreinigung diesen nicht einhalten, ergibt sich unter Umständen eine Schadensersatzpflicht.
Lochschäden (chemisch, mechanisch, Lichteinwirkung, schädlingsbedingt, Faserabbau durch Alterung)	Löcher in Textilien können auf eine Vielzahl von Ursachen zurückgeführt werden. Häufig werden durch Wasch- oder Reinigungsbehandlungen Löcher lediglich sichtbar, deren Ursache in Gebrauchseinflüssen liegen (siehe auch Schadensfall Nr. 2).

Maßänderungen	Bei Maßänderungen handelt es sich meist um Größenverlust. Während bei Heimtextilien eine Toleranz bei 6 % Maßverlust in Kett- und/oder Schussrichtung branchenüblich als erste grobe Orientierung dienen kann, wird bei Bekleidung diese Maßtoleranz nicht Bestand haben. So ist in der internationalen Norm DIN EN ISO Schutzkleidung – Allgemeine Anforderungen festgelegt, dass die Maßänderung im Laufe der Nutzungsdauer des Textils maximal +/- 3 % betragen darf. Das ist zumindest ein Anhaltspunkt, da dieser Toleranzbereich aus gutem Grund gewählt ist. Bei größeren Toleranzwerten würde sich nämlich die Konfektionsgröße ändern und somit das Kleidungsstück nicht mehr passen. Zur Orientierung können im Internet Maßtabellen recherchiert werden. Die Tabellen unterschieden sich zwar häufig von Hersteller zu Hersteller. Die zugrunde gelegten Körpermaße sind jedoch in etwa gleich, sodass auch durchaus feststellbar ist, was beispielsweise nicht mehr der deutschen Größe 48 entspricht (sondern eindeutig zu klein oder zu groß ist). Größentabellen finden sich auch auf Seite 157-160. Maßänderung bei Wolle: siehe Schadensfall Nr. 19. Maßänderung bei Seide: siehe Schadensfall Nr. 5 Maßänderungen bei Zellulosefasern: siehe Schadensfall Nr. 20 und 22. Maßänderung bei Polyamid und Polyester: siehe Schadensfall Nr. 32.
Maßtoleranzen	Maßtoleranz bezeichnet die noch zu tolerierende Maßveränderung gegenüber dem Neuzustand (siehe auch „Maßänderungen“ und Schadensfall Nr. 33).
Mottenschäden	Durch die Larven der Kleidermotte hervorgerufener Lochfraß in meist schurwollhaltigen Textilien (siehe auch Schadensfall Nr. 2).

Nahtabdichtungsbänder/Tapes	In Funktionskleidung werden im Bereich der Nähte von innen Nahtabdichtungsbänder angebracht, um zu verhindern, dass Flüssigkeit durch die Einstichlöcher der Nähnadeln in das Innere dringt. Die Fixierung dieser Bänder erfolgt mit Klebstoff oder durch Wärmeeinwirkung. Beide Verfahren sind je nach Ausführung fehleranfällig. Im Neuzustand noch ausreichend fest, können sie im Laufe der Jahre an Haftfestigkeit verlieren und sich ablösen.
Neuwert	Der Neuwert ist der Wert, den eine neue Textilie beim Kauf hat (vgl. Seite 162 ff.).
Optische Aufheller	Siehe „Farbveränderung durch optischen Aufheller" und auch Schadensfall Nr. 4.
Passformänderung	Siehe „Maßänderung".
Perforationseffekt	Durch zu kurz gewählte Einstiche beim Nähen von Stoffen kann es in Abhängigkeit von der Stoffart zu einem Perforationseffekt kommen.
Pflegekennzeichen	Siehe „Internationale Pflegekennzeichnung" (vgl. Seite 149 ff.).
Polyurethan-Beschichtung	Siehe „Beschichtetes Gewebe" und auch Schadensfälle Nrn. 1 und 13.
PVC	PVC ist die Abkürzung für Polyvinylchlorid. Mit Weichmachern versehen kommt PVC als Textilmaterial zum Einsatz. Die Weichmacher sind in der Regel durch Lösemittel löslich und können sich im Rahmen einer Lösemittelbehandlung herauslösen. PVC ist nassreinigungsbeständig.
Ränderbildung	Durch Wasch- oder Reinigungsprozesse können bei bestimmten Materialien Wasser- oder Lösemittelränder entstehen, die vor der Bearbeitung nicht vorhanden waren. Diese Ränder sind meist wieder entfernbar (siehe auch Schadensfall Nr. 7).
RAL 995 (ehem. RAL 990 A3)	Bei dieser RAL handelt es sich um eine Definition der Begrifflichkeiten im Bereich Textilreinigung. Die RAL dient somit dazu, die Kommunikation zwischen den Marktpartnern zu vereinfachen (vgl. Seite 160).
Risikoübertragung	Bestehen im Einzelfall besondere Risiken, kann durch eine besondere Vereinbarung das Bearbeitungsrisiko auf den Kunden übertragen werden (vgl. Seite 174 und Schadensfall Nr. 3).

Schimmelpilze	Schimmelpilze können zu Flecken auf Textilien führen, sie können auch Modergeruch hervorrufen (siehe auch Schadensfall Nr. 15).
Strukturveränderungen	Strukturveränderungen in textilen Flächengebilden sind ein Sammelbegriff für Abweichungen vom Ausgangszustand, die nicht aus einer Farbtonänderung oder einer Maßänderung bestehen (siehe auch Schadensfall Nr. 5).
Tapes	Siehe „Nahtabdichtungsbänder".
Textilhandel	Textilhandel kann unterschieden werden in Einzelhandel (z. B. das Bekleidungsgeschäft in der Innenstadt) und Großhandel (Firmen, die nur an andere Firmen Ware verkaufen). Es gibt auch unterschiedliche Mischformen von Handelsgeschäften für Textilien (siehe auch Schadensfall Nr. 8).
Ungeklärte Schadensursache	Es gibt Schadensfälle, zu denen die Schadensursache nicht ermittelt werden kann. In der Regel muss ein Verschulden der Textilreinigung nachgewiesen werden. Bei ungeklärter Schadensursache liegt also nicht automatisch ein Verschulden der Textilreinigung vor (siehe auch Schadensfall Nr. 26).
Verfilzung	Filzen können nur Haare, also in erster Linie Schurwolle, aber auch andere Haare. Beim Filzen verhakt sich die Schuppenstruktur der Haare so stark ineinander, dass sie nicht mehr in den ursprünglichen Zustand versetzt werden kann (siehe auch Schadensfall Nr. 19).
Verlust von Reinigungsgut	Auch beim bestorganisierten Textilreinigungsbetrieb kann es zu einem Verlust von Reinigungsgut oder Wäsche kommen (vgl. Seite 163).
Verschleiß	Textilien unterliegen einem gewissen Verschleiß durch Gebrauch und Pflegeprozess. Meist wird gebrauchsbedingter Verschleiß erst im Rahmen einer Pflegebehandlung sichtbar. Das stellt regelmäßig eine besondere Herausforderung für die Reklamationsbearbeitung dar (siehe auch Schadensfall Nr. 34).
Wellenbildung	Durch Nachlassen von festen Verbindungen zwischen mehrlagigen Stoffen und durch unterschiedliches Verhalten mehrlagiger Stoffe kann es zu einer unerwünschten Wellenbildung im Stoff kommen (siehe auch Schadensfall Nr. 32).

Wiederbeschaffungswert	Der Wiederbeschaffungswert ist der Wert, den eine Textilie im Zustand vor der Schädigung oder des Verlustes hatte. Er ist in aller Regel geringer als der Neupreis (siehe auch Schadensfall Nr. 34 und vgl. Seite 162).
Wollschädlinge	Siehe „Mottenschäden“.
Zeitwert (Zeitwerttabelle)	Siehe „Wiederbeschaffungswert“ und auch Schadensfall Nr. 34 (und vgl. Seite 162).
Zeitwertberechnung bei mehrteiligen Ensembles	Mehrteilige Textilien, wie z. B. Anzüge oder Kostüme, bestehen aus mehreren, aus gleichem Stoff gefertigten Teilen. Geht eines dieser Teile verloren oder wird es beschädigt, hat das andere eventuell noch einen Wert, da es noch genutzt werden kann (siehe auch Schadensfall Nr. 10).

VII. Der Autor

Meinrad Himmelsbach

Abitur

Ausbildung zum Textilreiniger, Abschluss: Gesellenbrief

1988 – 1991 Duales Studium Betriebswirtschaft beim Textilmietserviceunternehmen Carl Bardusch GmbH & Co. KG, Ettlingen, und an der Berufsakademie/Dualen Hochschule Baden-Württemberg, Stuttgart, Abschluss Dipl.-Betriebswirt (BA), Praktika in diversen Wäschereien u. a. Lehr- und Versuchswäscherei Henkel, Düsseldorf

1992 Meisterprüfung mit Schwerpunkt Wäscherei vor der Handwerkskammer Rhein-Main zum Textilreinigermeister

Seit 1992 Himmelsbach Reinigung Färberei, Freiburg

Seit 2002 Geschäftsführung zusammen mit Christian Himmelsbach, Dipl.-Volkswirt, Textilreinigermeister, Freiburg

Seit 2004 öffentlich bestellter und vereidigter Sachverständiger für das Textilreinigerhandwerk mit Wäscherei und Teppichreinigung, www.sv-himmelsbach.de

Seit 2008 Prüfer bei den Gesellenprüfungen zum Textilreiniger in Baden-Württemberg

Seit 2008 Fachautor bei der Fachzeitschrift RWTextilservice, insbesondere Rubrik „Der Schadensfall"

2009 bis 2013 Mitarbeit bei der Schiedsstelle für Textilreinigungs- und Wäschereireklamationen in Murrhardt

Seit 2009 Mitglied im Sachverständigengremium des Deutschen Textilreinigungsverbandes (DTV), Bonn

Seit 2013 Leiter der Schiedsstelle für Textilpflege Baden-Württemberg, www.sv-schiedsstelle.de, Freiburg

Anschrift

Meinrad Himmelsbach
Gerberau 48
79098 Freiburg

VIII. Stichwortverzeichnis

A

B

C

D

E

F

G

I

J

K

L

M

N

O

P

W

Z